中原工学院专著资助项目

混合流体模型解的适定性问题的研究

杨 静 / 著

西南财经大学出版社
中国・成都

图书在版编目(CIP)数据

混合流体模型解的适定性问题的研究/杨静著.—成都:西南财经大学出版社,2023.1
ISBN 978-7-5504-5616-7

Ⅰ.①混… Ⅱ.①杨… Ⅲ.①流体力学—研究 Ⅳ.①035

中国版本图书馆 CIP 数据核字(2022)第 211004 号

混合流体模型解的适定性问题的研究
HUNHE LIUTI MOXING JIE DE SHIDINGXING WENTI DE YANJIU
杨静 著

责任编辑:李思嘉
责任校对:李琼
封面设计:墨创文化
责任印制:朱曼丽

出版发行	西南财经大学出版社(四川省成都市光华村街 55 号)
网　　址	http://cbs.swufe.edu.cn
电子邮件	bookcj@swufe.edu.cn
邮政编码	610074
电　　话	028-87353785
照　　排	四川胜翔数码印务设计有限公司
印　　刷	成都市火炬印务有限公司
成品尺寸	170mm×240mm
印　　张	9.25
字　　数	160 千字
版　　次	2023 年 1 月第 1 版
印　　次	2023 年 1 月第 1 次印刷
书　　号	ISBN 978-7-5504-5616-7
定　　价	58.00 元

前言

本书以笔者在西北大学读博期间所作毕业论文和在中原工学院工作期间的相关工作经验为基础，经过增删整理而成。笔者在学习期间对两种流体混合的模型进行了深入的学习和研究，即主要对两相流模型、宏观微观粒子模型和混合流体模型的解的存在性、唯一性和稳定性问题进行学习和研究。笔者对带几类两种流体混合的流体模型的研究现状、研究意义及最新的研究进展进行了梳理分析，并且取得了一些成果，其中部分成果已经在国内外的学术期刊上发表。为便于对这一类模型有兴趣的学者加深了解，笔者将相关研究内容以专著的形式出版。

混合流体力学是一门研究两种或者多种流体运动规律和应用的学科。从理论角度，混合流体力学利用质量守恒和动量守恒等规律，通过精确的数学模型来描述流体的运动，这个模型就是通常所说的混合流体动力学方程。流体混合物的流动在自然界和工业生产建设中普遍存在且是十分重要的现象，其在水利、环境、化工、生物、医学等领域均扮演着重要角色。流体的运动往往伴随着不同流体甚至具有不同的动力学特征流体的运动，因此，具有多种流体混合的模型更能生动地描述物理现象的本质。探究并厘清混合物的流动机理，能够对生活、工程、生物、医学中可能出现的问题给出更加合理的解释并提出相应的建议。目前，混合流体运动过程中的运动和解的适定性问题，仍是亟待解决的前沿热点研究问题。

本书主要研究的混合流体模型包括气体—液体两相流模型、流体—质子交互作用模型以及热力学框架下推导的混合流体模型。第一章介绍了三类混合流体的模型，包括粘性气体—液体两相流模型、流体—质子交互模型和不可压混合流体模型的物理背景和研究现状。第二章主要研究了三维两相流模型柯西问题整体经典解的存在性。在对初始能量值做小性假设的前提下，本章利用经典的连续性方法得到局部解的先验估计，从而提高解的正则性，进而将解延拓到整体空间。为了避免真空情形会导致压强 $P(m, n)$ 产生奇异点，本章对初始密度做了一定的假设，对于粘性系数除了物理限制之外没有其他的限制。第三章研究了三维两项流模型半空间初值真空的整体经典解的存在性。本章一方面依然利用第二章的思路，另一方面在处理边界条件时经典的椭圆估计已经不再适用，因此对边界的处理采用新的方法。第四章研究了三维粘性气体—液体两相流模型的爆破准则，分别在 Dirichlet 边界条件和 Navier-slip 边界条件下，证明了粘性气体两相流局部强解的速度梯度 $L_t^1(L_x^\infty)$ 范数在有限时间内的爆破准则。这个结论改进了二维的结果，并且放宽了对粘性系数的限制条件，即不需要限制粘性系数 $\lambda < 7\mu$。第五章研究了流体—质子交互模型在泡沫机制下解的最优收敛率问题。本章得到了当初值在静态解附近并且外力项充分小时整体强解的存在唯一性。在这个基础上，本章通过线性化方程的 $L^p - L^q$ 估计以及精确的能量估计得到了整体强解的最优收敛率。第六章研究了二维不可压混合流体的整体适定性问题。通过对两种流体的密度限制为常数的设定，我们首次得到了简化模型。首先利用 Fridrich 方法证明了局部解的存在唯一性，其次利用经典方法得到解的整体定性。附录给出了混合流体模型一些未解决的问题，以方便读者参考使用。

限于笔者学识和经验，本书难免有错误和不妥之处，如蒙赐教，不胜感激。

杨静

2022 年 11 月

目录

第一章　绪论

对流体力学的研究一直是数学家以及物理学家关注的热点之一，这是因为包含多种流体的混合流体模型能更生动地描述自然界中的流体运动。自然界中的流体往往不是单个存在的，而是由两种或者多种流体甚至不同形态的流体混合组成的。即使是一种流体也可能以不同的形态存在，比如石油包含液体的石油与气体的天然气，水流包含液体的水和气体的水蒸气。多种流体混合模型被广泛地应用于物理、工程、科学计算、生物学、发展生物学和植物生理学等领域以及实际的工业生产和日常生活中，因此对研究这类方程的研究者应具备丰富的物理知识背景和应用知识背景。单个流体的流体力学和热力学系统相对容易理解，相关研究较多，而多种混合流体力学的数学理论研究相对匮乏。一个很自然的问题就是，是否能将单相流体的结论推广到多个流体的情形？多种流体的运动、传导以及流体间相互作用较单个流体来说更为复杂，多种流体的研究面临一定的困难和挑战。在过去的几十年里，多种混合流体的问题被很多数学家和物理学家关注过，相关研究取得了一些较好的成果和进展，但是由于多种流体本身的复杂性，很多问题仍尚未解决。从而进一步对包含两种或者两种以上混合流体模型的数学理论研究成为学者们关注的核心课题。

一、气体—液体两相流模型

气体—液体两相流模型描述的是一种水流和空气流体的简单的情况，建立模型的时候会很自然地考虑到，水流和空气流的交界面处存在小的震荡，每个流体可以建立自己的模型并且在自由交界面会发生耦合。两种流体（水流和空气流）被一个未知的自由界面 $z=\eta(x,y,t)$ 间隔，其中，上面是空气流 $\rho=\rho^{-}$，下面是水流 $\rho=\rho^{+}$。每个流体有自己的状态方程：

$$F^{\pm}(\rho^{\pm},P)=0,$$

其中，P 表示压强。但是，随着流体的运动，自由交界面处可能会发生破裂，即在自由交界面附近小的水滴可能进入空气中，而空气中可能掺杂小的气泡，这样在描述自由边界时就会变得极其复杂。正如 Bresch 等所述[1]，为了避免这种问题，在建立模型时引入了平均体积率，建立了没有自由交界面的两种流体的模型，即两相流模型：

$$\begin{cases}\partial_t(\alpha^{\pm}\rho^{\pm})+\mathrm{div}(\alpha^{\pm}\rho^{\pm}u^{\pm})=0,\\ \partial_t(\alpha^{\pm}\rho^{\pm}u^{\pm})+\mathrm{div}(\alpha^{\pm}\rho^{\pm}u^{\pm}\otimes u^{\pm})+\alpha^{\pm}\nabla P\\ =\mathrm{div}(\alpha^{\pm}\tau^{\pm})+\sigma^{\pm}\alpha^{\pm}\rho^{\pm}\nabla\Delta(\alpha^{\pm}\rho^{\pm}),\end{cases}\tag{1.1}$$

其中，未知变量 $(\alpha^{+},\alpha^{-})\in[0,1]$ 表示液体流体的体积分数和气体流体的体积分数，并且满足关系式：

$$\alpha^{+}+\alpha^{-}=1。\tag{1.2}$$

其中，ρ^{+} 为液体的密度，ρ^{-} 表示气体的密度，u^{+} 和 u^{-} 分别表示液体流体的速度和气体流体的速度，$P=P^{\pm}$ 表示两种流体的共同压强，$\tau^{\pm}$ 表示液体和气体的应力张量函数。具体表达式为：

$$\tau^{\pm}=2\mu^{\pm}D(u^{\pm})+\lambda^{\pm}\mathrm{div}u^{\pm}Id,\quad D(u^{\pm})=\frac{\nabla u^{\pm}+(\nabla u^{\pm})^{T}}{2}.$$

最后，$\sigma^{\pm}>0$ 表示毛细管系数。

注意到在上述模型（1.1）中，$\alpha^{\pm}\nabla P$ 项的出现使得很难表达方程的守恒形式，为了避免这一项所带来的麻烦，将最后两个方程相加，利用液体和气体的体积分数所满足的关系式（1.2），并且不考虑毛细管效应，即令 $\sigma^{\pm}=0$，可以得到方程：

$$
\begin{cases}
\partial_t(\alpha^+\rho^+) + \mathrm{div}(\alpha^+\rho^+u^+) = 0, \\
\partial_t(\alpha^-\rho^-) + \mathrm{div}(\alpha^-\rho^-u^-) = 0, \\
\partial_t(\alpha^+\rho^+u^+ + \alpha^-\rho^-u^-) + \mathrm{div}(\alpha^+\rho^+u^+\otimes u^+ + \alpha^-\rho^-u^-\otimes u^-) + \nabla P \\
= \mathrm{div}(\mu^+\alpha^+(\nabla u^+ + (\nabla u^+)^T)) + \nabla(\lambda^+\alpha^+\mathrm{div}u^+) \\
+ \mathrm{div}(\mu^-\alpha^-(\nabla u^- + (\nabla u^-)^T)) + \nabla(\lambda^-\alpha^-\mathrm{div}u^-)。
\end{cases}
\tag{1.3}
$$

对模型（1.3）做以下简化：

(1)考虑到液体的密度远远大于气体的密度，即 $\rho^+/\rho^- = O(10^3)$，因此,在动量守恒方程中忽略气体密度的作用。

(2)假设液体流体和气体流体速度相等,即 $u^+ = u^- = u$。

(3)令两种流体的粘性系数相等,即 $\mu^+ = \mu^- = \mu$ 以及 $\lambda^+ = \lambda^- = \lambda$。

通过上述的简化得到经典的简化气体—液体两相流模型有如下形式：

$$
\begin{cases}
m_t + \mathrm{div}(mu) = 0, \\
n_t + \mathrm{div}(nu) = 0, \\
(mu)_t + \mathrm{div}(mu\otimes u) + \nabla P(m,n) = \mu\Delta u + (\lambda+\mu)\nabla\mathrm{div}u,
\end{cases}
\tag{1.4}
$$

其中,变量 $m = \alpha_l\rho_l$、$n = \alpha_g\rho_g$、$u = (u^1, u^2, u^3)$ 以及 $P = P(m,n)$ 分别表示液体的质量、气体的质量、液体速度及气体的速度、两种流体共同的压强；λ 和 μ 粘性系数为常系数,并且满足：

$$
\mu > 0,\ 2\mu + 3\lambda \geqslant 0。\tag{1.5}
$$

未知变量 ρ_l,ρ_g 分别表示液体及气体密度,并且满足等式：

$$
\rho_l = \rho_{l,0} + \frac{P - P_{l,0}}{\alpha_l^2},\ \rho_g = \frac{P}{\alpha_g^2},\tag{1.6}
$$

其中，α_l,α_g 为已知常量,分别表示液体及气体的波速度；$P_{l,0}$,$\rho_{l,0}$ 为给定常量,分别表示压强系数和密度系数；α_l,$\alpha_g \in [0,1]$ 表示液体体积分数以及气体的体积分数,并且满足：

$$
\alpha_l + \alpha_g = 1。\tag{1.7}
$$

注意到由式（1.6）和式（1.7）,可以得到压强 $P(m,n)$ 满足：

$$
P(m,n) = C^0(-b(m,n) + \sqrt{b(m,n)^2 + c(m,n)}),\tag{1.8}
$$

其中，$C^0=\frac{1}{2}\alpha_l^2, k_0=\rho_{l,0}-\frac{P_{l,0}}{\alpha_l^2}>0, a_0=\left(\frac{\alpha_g}{\alpha_l}\right)^2$，以及

$$b(m,n)=k_0-m-\left(\frac{\alpha_g}{\alpha_l}\right)^2 n=k_0-m-a_0 n,$$

$$c(m,n)=4k_0\left(\frac{\alpha_g}{\alpha_l}\right)^2 n=4k_0 a_0 n。$$

更多有关两相流模型推导的信息可以参见相关文献[8]。

在过去的几十年里，有关两相流的研究已经有了一些有意义的结果。我们先介绍模型（1.4）在一维的情形。当液体不可压，并且气体流体是多方的，即 $P(m,n)=C\rho_l^\gamma\left(\frac{n}{\rho_l-m}\right)^\gamma$，Evje 和 Karlsen 研究了自由边值问题弱解的存在唯一性[9]，其中为了和压强项相匹配令粘性系数 $\mu=\mu(m)=k_1\frac{m^\beta}{(\rho_l-m)^{\beta+1}}$，这里流体是间断连接到真空的，并且 $\beta\in\left(0,\frac{1}{3}\right)$。后来 Yao 和 Zhu 将这一结果推广到 $\beta\in(0,1)$ 的情形，同时还证明了解的渐进行为[10]。当流体带有真空情形时，Evje 等同样得到了模型（1.4）整体弱解的存在性，其中 $\mu=\mu(m,n)=k_2\frac{n^\beta}{(\rho_l-m)^{\beta+1}},\left(\beta\in\left(0,\frac{1}{3}\right)\right)$[11]。粘性系数是 (m,n) 的函数是为了在计算时与压强项相匹配，而实际流体粘性系数是常数。Yao 和 Zhu 证明了常粘性系数自由边值问题整体解的存在唯一性，其中流体是连续连接到真空的。其文章在证明气体和液体的密度上界时引入了新的方法[12]。特别地，当两个流体均是可压的，Evje 和 Karlsen 得到了整体弱解的存在性[13]。

对于两相流模型的高维情形，Yao 等证明了初始能量小的条件下并且初值没有真空时二维模型弱解的存在性[14]。后来，Guo 等证明了二维有界区域局部强解密度上界在有限时间爆破[15]。如果初值带有真空，在估计流体密度的上界时有可能会产生奇异性，Yao 等解决了初值带有真空时产生奇异性的问题，证明了初始能量小时，模型（1.4）三维整体强解的存在性[16]。紧接着，Wen 等证明了进一步提高了解的正则性从而得到了整体经典解的

存在性[17]。随后，Wen 等证明了初值带有真空和没有真空时三维（二维）情形局部强解液体密度上界的爆破准则，其中要求粘性系数满足 $\frac{25\mu}{3} \geqslant \lambda$[18]。Hou 和 Wen 证明了当初始值带有真空并且满足 $0 \leqslant \underline{s_0} m_0 \leqslant n_0 \leqslant \overline{s_0} m_0$（其中 $\underline{s_0}$ 以及 $\overline{s_0}$ 表示大于零的常数）时，速度的应变张量 $D(u) = \frac{1}{2}(\nabla u + \nabla u^t)$ 的 $L_t^1 L_x^\infty$ 模控制强解的爆破[19]。Hao 和 Li 在 Besov 空间框架下考虑模型（1.4）柯西问题局部强解的存在性以及整体强解的存在性[20]。Bresch 等给出了非守恒的粘性可压两相流模型整体弱解的存在性的证明[1,21]。

二、气体—质子交互模型

流体—质子交互模型是描述质子分散在一个粘性可压流体的运动以及发展。其研究广泛地应用于医学领域[22]、资源回收矿物勘探[23,24]以及大气污染[25]等领域。另外液体中的气泡也可以看成质子，因此流体—质子交互模型也可以描述两相流模型[26]。

流体—质子交互模型包括流体的质量守恒、动量守恒以及质子的平衡。液体与质子之间的相互作用产生的作用力使得质子在液体中时而密集、时而分散。方程模型是通过质子满足 Fokker-Planck 型方程与流体方程的耦合推导得出的。Carrillo 和 Goudon 对模型给出了详细的描述[27]，即在微观尺度下，质子云由其分布函数 $f_\varepsilon(t,x,\xi)$ 来表示，$\rho(t,x) \geqslant 0$ 以及 $u(t,x)$ 表示分布在质子周围的流体的密度和速度。这两种流体通过摩擦力来相互作用，其中摩擦力满足斯托克斯定律并且与相对速度 $u(t,x) - \xi$ 成正比。另外，流体中存在不依赖于时间的外力 $\Phi(x)$ 作用。模型有如下形式：

$$\begin{cases} \partial_t f + \theta\xi \cdot \nabla_x f - \kappa \nabla_x \Phi \cdot \nabla_x f = \frac{1}{\varepsilon}\mathrm{div}_\xi\left[\left(\xi - \frac{1}{\theta}u\right)f + \nabla_\xi f\right], \\ \partial_t \rho + \mathrm{div}_x(\rho u) = 0 \\ \partial_t(\rho u) + \mathrm{div}_x(\rho u \otimes u) + \chi \nabla_x P(\rho) + \alpha\theta\kappa\rho \nabla_x \theta = \frac{1}{\varepsilon}\frac{\rho_P}{\rho_F}(J - \eta u), \end{cases} \tag{1.9}$$

其中，

$$\eta(t,x)=\int_{R^3}f(t,x,\xi)d\xi,\ J(t,x)=\theta\int_{R^3}\xi f(t,x,\xi)d\xi, \tag{1.10}$$

在这里，α、θ、ε、κ、χ 表示一些相关的参数，$P(\rho)$ 表示压强。Carrillo 和 Goudon 证明了模型（1.9）的稳定性以及模型的渐进极限[27]。特别地，作者通过利用不同的尺度对模型取极限，得到了模型两种尺度的极限：流动机制和泡沫机制。对于流动机制，令 $\frac{\rho_P}{\rho_F}=\frac{1}{\theta^2}$，$\kappa=\theta$ 为固定的常数，固定 α 并且不依赖于 ε，得到模型：

$$\begin{cases}\partial_t f^\varepsilon+\theta\xi\cdot\nabla_x f^\varepsilon-\kappa\nabla_x\Phi\cdot\nabla_x f^\varepsilon=\frac{1}{\varepsilon}\mathrm{div}_\xi((\xi-\frac{1}{\theta}u^\varepsilon)f^\varepsilon+\nabla_\xi f^\varepsilon),\\ \partial_t\rho^\varepsilon+\mathrm{div}_x(\rho^\varepsilon u^\varepsilon)=0\\ \partial_t(\rho^\varepsilon u^\varepsilon)+\mathrm{div}_x(\rho^\varepsilon u^\varepsilon\otimes u^\varepsilon)+\chi\nabla_x P(\rho^\varepsilon)+\alpha\theta^2\kappa\rho^\varepsilon\nabla_x\theta=\frac{1}{\varepsilon\theta^2}(J^\varepsilon-\eta^\varepsilon u^\varepsilon)。\end{cases} \tag{1.11}$$

Carrillo 和 Goudon 证明了当 $\varepsilon\to0$ 时[27]，模型（1.11）收敛到模型：

$$\begin{cases}\eta_t+\mathrm{div}_x(\eta u)=0,\\ \rho_t+\mathrm{div}_x(\rho u)=0,\\ [(\rho+\theta^{-2})u]t+\mathrm{div}_x[(\rho+\theta^{-2})u\otimes u]+\nabla_x[\eta+\chi P(\rho)]\\ +(\alpha\theta^2\rho+\eta)\nabla_x\Phi=0。\end{cases} \tag{1.12}$$

Mellet 和 Vasseur 证明了模型（1.11）弱解的存在性[28]以及在有限的时间内模型（1.11）的弱解收敛到模型（1.12）的弱解[29]。

对于泡沫机制，在方程(1.9)中令 $\frac{\rho_P}{\rho_F}=\frac{1}{\theta^2}$，$\kappa=\theta$，$\theta=\frac{1}{\sqrt{\varepsilon}}$，$\alpha=\mathrm{sign}(\alpha)\varepsilon$，方程（1.9）变形为

$$
\begin{cases}
\partial_t f^\varepsilon + \dfrac{1}{\sqrt{\varepsilon}}(\xi \cdot \nabla_x f^\varepsilon - \nabla_x \Phi \cdot \nabla_\xi f^\varepsilon) - \kappa = \dfrac{1}{\varepsilon}\mathrm{div}_\xi[(\xi - \sqrt{\varepsilon}u^\varepsilon)f^\varepsilon + \nabla_\xi f^\varepsilon], \\
\partial_t \rho^\varepsilon + \mathrm{div}_x(\rho^\varepsilon u^\varepsilon) = 0 \\
\partial_t(\rho^\varepsilon u^\varepsilon) + \mathrm{div}_x(\rho^\varepsilon u^\varepsilon \otimes u^\varepsilon) + \chi \nabla_x P(\rho^\varepsilon) + \alpha\rho^\varepsilon \nabla_x \theta = (J^\varepsilon - \eta^\varepsilon u^\varepsilon)。
\end{cases}
\tag{1.13}
$$

当 $\varepsilon \to 0$ 时，模型（1.13）收敛到模型：

$$
\begin{cases}
\partial_t \eta + \mathrm{div}_x(\eta(u - \nabla_x \Phi - \nabla_x \eta)) = 0, \\
\partial_t \rho + \mathrm{div}_x(\rho u) = 0 \\
\partial_t(\rho u) + \mathrm{div}_x(\rho u \otimes u) + \nabla_x(\eta + \chi P(\rho)) + (\mathrm{sign}(\alpha)\rho + \eta \nabla_x \Phi) = 0
\end{cases}
\tag{1.14}
$$

对于泡沫机制，假设质子的密度是非负的，质子通常会浮在液体中，因此把这种模型叫作泡沫机制。Carrillo 等证明了整体弱解的存在性和解的渐进性行为[30]。另外，当流体是不可压情形时，Goudon 等研究了流体—质子交互模型的动力极限问题[31,32]。后来 Hamdache 对这个方程进行了数学理论的分析[33]。后来，Fang 等得到了一维情形模型（1.14）经典大解的存在唯一性[34]。另外对一维非牛顿流的流体—质子交互模型，当初值带真空时强解的整体存在性的证明参见 Song 等的研究[35]。对上述模型以及相关的尺度极限问题可以参考 Jabin 和 Perthame、Cafishch 和 Papanicolaou 等的研究[23,36-40]。

三、混合流体模型

在过去的几十年里，很多著名的学者在不同的理论框架下推导并研究了混合流体模型[41-45]。在建立模型时通常的做法是给定一个一般形式的柯西应力张量，利用热力学第二定律等来推导模型的形式。而在实际的情况下，流体在整个运动变化中其应力张量并不一定固定遵循某一种特定形式（例如胶体的运动形变过程）。Ma'lek 和 Rajagopal 改进了前人的方法，利用耗散率 ξ 以及条件极值的方法推导出应力张量的表达式，从而在热力学的框架下建立了混合流体模型[46]。在实际应用中，上述模型更具有鲜明和深刻的物理背景,可以用来描述乳胶混合流体。在实际应用中这种模型有很多重要的应用,例如冷却旋转问题[47]、流体弹性动力的连接的润滑作用问题[48]、油制泡沫的润滑作用问题[49]、径向轴承水—油混合流体问题[50]等。另外,Szeri 对液体—气体和液体—液体混合流体的润滑作用问题做了详细的论述[51]。

对模型的具体描述如下:设$\rho^{(1)}$和$\rho^{(2)}$分别表示两种流体的密度,$v^{(1)}$和$v^{(2)}$分别表示两种流体的速度,$T^{(1)}$和$T^{(2)}$分别表示流体的应力张量。则混合流体的密度和速度分别为

$$\rho=\rho^{(1)}+\rho^{(2)},\ v=\frac{\rho^{(1)}v^{(1)}+\rho^{(2)}v^{(2)}}{\rho},$$

混合流体的应力张量为

$$T=T^{(1)}+T^{(2)}。$$

质量守恒:

$$\frac{\partial\rho^{(i)}}{\partial t}+\mathrm{div}(\rho^{(i)})=0,$$

动量守恒:

$$\rho^{(i)}\frac{d^{(i)}u^{(i)}}{dt}=\mathrm{div}\,(T^{(i)})^{T}+\rho^{(i)}b_{e}+m^{(i)},$$

其中,$i=1,2$,b_e表示混合流体的外力项,$m^{(i)}$表示流体之间的相互作用力,满足$m^{(1)}=m^{(2)}$;当混合流体是不可压时,则有$\mathrm{div}v=0$。混合流体的耗散率ξ表达式为

$$\xi=2\mu\,|D|^{2}+\lambda(\rho)\,(trD)^{2}+\alpha(\rho)\,|v^{(1)}-v^{(2)}|^{2},$$

其中,$D=\dfrac{\nabla v+\nabla v^{T}}{2}$。根据条件极值得出中变量$T^{(i)}$和$m^{(i)}$的表达式为

$$T^{(1)}=(-pI+2\mu(\rho)D)\frac{\rho^{(1)}}{\rho},$$

$$T^{(2)}=(-pI+2\mu(\rho)D)\frac{\rho^{(2)}}{\rho},$$

$$m^{(i)}=(-pI+2\mu(\rho)D)\frac{\rho^{(1)}\nabla\rho^{(1)}-\rho^{(2)}\nabla\rho^{(2)}}{\rho}+\alpha(\rho)(u^{(2)}-u^{(1)})。$$

但是,模型推导出后,由于混合模型的复杂性, 对上述模型的数学理论的分析结果相对较少, 第六章将对上述模型进行简化,进而研究模型二维全空间解的适定性问题。

在接下来的五章内容中分别给出上述模型解的适定性问题。第二章证明三维全空间气体—液体两相流模型柯西问题的整体解的存在性,这里考虑初始能量充分小。第三章考虑三维半空间情形气体—液体两相流模型经典解的存在唯一性,同样考虑小初值,同时,在分部积分时注意处理边界项。第四章研究了三维气体—液体两相流模型在两种边界条件下强解速度梯度的 $L_t^1(L_x^\infty)$ 范数在有限的时间内爆破。一方面证明了在 Dirichlet 边界条件下的爆破准则,另一方面证明了在 Navier-Slip 边界条件下的爆破准则。第五章研究了流体—质子交互模型的泡沫机制解的最优收敛率的问题。得到了三维全空间情形初始状态在稳态解附近时解的最优收敛率。第六章研究了二维全空间情形混合流体整体解的适定性问题,首先证明了局部解的存在唯一性,并进一步得到了局部解对时间 T 的一致估计。其次利用局部解存在性定理将解延拓到整个时间空间。

四、基本不等式与准备定理

在以下几章的先验估计证明过程中,会经常用到著名的 Gagliardo-Nirenberg 不等式。在证明解的之一估计中起到很重要的作用。

引理 1.1 [10] (Gagliardo-Nirenberg 不等式) 对任意的常数 $p,b',r' \in [1,\infty]$ 和整数 l,j, 对任意函数 $u \in C_0^\infty$, 存在常数 $\alpha \in [0,1]$ 以及常数 $C > 0$ 满足:

$$\| \nabla^j u \|_{L^p(R^N)} \leqslant C \| \nabla^l u \|_{L^{b'}(R^N)}^{\alpha} \| u \|_{L^{r'}(R^N)}^{1-\alpha}, \tag{1.15}$$

其中,

$$\frac{1}{p} = \frac{j}{N} + \alpha\left(\frac{1}{b'} - \frac{1}{N}\right) + (1-\alpha)\frac{1}{r'}, \frac{j}{l} \leqslant \alpha \leqslant 1,$$

这里,当 $l - \dfrac{N}{b'} = j$ 时, $\alpha \neq 1, 1 < p < \infty$。

接下来的 Zlotnik 不等式在证明先验估计 m 和 n 的一致上界时起到重要的作用。

引理 1.2 [52] (Zlotnik 不等式)设函数 y 满足:

$$y'(t) = g(y) + b'(t), t \in [0,T], y(0) = y^0,$$

其中, $g \in C(R), y, b \in W^{1,1}(0,T)$, 若 $g(\infty) = -\infty$, 且

$$b(t_2) - b(t_1) \leqslant N_0 + N_1(t_2 - t_1), \tag{1.16}$$

则对任意 $0 \leqslant t_1 < t_2 \leqslant T, N_0 \geqslant 0, N_1 \geqslant 0$ 有

$$y(t) \leqslant \max\{y^0, \bar{\zeta}\} + N_0 < \infty,$$

其中,当 $\zeta > \bar{\zeta}$ 时常数 $\bar{\zeta}$ 满足:

$$g(\zeta) \leqslant -N_1。\tag{1.17}$$

下面的引理是经典的嵌入定理。

引理 1.3 [53] 设巴拿赫空间 $X \subset E \subset Y$ 且满足 X 紧嵌入 E, 则有如下紧嵌入定理:

$$(1)\left\{\varphi:\varphi \in L^q(0,T;X),\frac{\partial \varphi}{\partial t} \in L^1(0,T;Y)\right\} \xrightarrow{\text{紧嵌入}} L^q(0,T;E),\quad 1\leqslant q\leqslant \infty;$$

$$(2)\left\{\varphi:\varphi \in L^\infty(0,T;X),\frac{\partial \varphi}{\partial t} \in L^r(0,T;Y)\right\} \xrightarrow{\text{紧嵌入}} C([0,T];E)。$$

引理 1.4 (Gronwall 不等式)设 $u(x)$、$\alpha(x)$、$k(x)$ 是 $[a,b]$ 上的非负连续函数, A 是非负常数,且满足积分不等式:

$$u(t) \leqslant A + \int_a^t [\alpha(s)u(s) + k(s)]ds,\ t \in [a,b],$$

则当 $t \in [a,b]$ 时,有

$$u(t) \leqslant \exp\left(\int_a^t \alpha(\tau)d\tau\right)\left[A + \int_a^t k(s)\exp\left(-\int_a^s \alpha(\tau)d\tau\right)ds\right]。$$

第二章　三维两相流模型柯西问题整体经典解的存在性

第一节　主要结论

本章主要研究三维粘性液体—气体两相流模型,该模型包括两个独立的质量守恒方程以及一个混合动量方程。

$$\begin{cases} m_t + \operatorname{div}(mu) = 0, \\ n_t + \operatorname{div}(nu) = 0, \\ (mu)_t + \operatorname{div}(mu \otimes u) + \nabla P(m,n) = \mu\Delta u + (\lambda + \mu)\nabla \operatorname{div} u, \end{cases} \tag{2.1}$$

初值条件,当 $|x|\to\infty$ 为

$$(m,n,u)|_{t=0} = (m_0,n_0,u_0) \to (\tilde{m},\tilde{n},0), \tag{2.2}$$

其中,$\tilde{m}$、$\tilde{n}$ 为正的常数。

在介绍本章主要的研究结果之前,笔者将对本章中所用的符号加以说明。为简单起见,表示:

$$\int f dx = \int_{R^3} f dx。$$

齐次及非齐次 Sobolev 空间有如下表示:

$$L^r = L^r(R^3),\quad W^{k,r} = W^{k,r}(R^3),\quad H^k = W^{k,2},$$

$$D^{k,r} = \{u \in L^1_{loc}(R^3) \,|\, \|\nabla^k u\|_{L^r} < \infty\},\quad \|u\|_{D^{k,r}} = \|\nabla^k u\|_{L^r},$$

$$W^{k,r}=L^r\cap D^{k,r},\quad D^k=D^{k,2},$$

$$D_0^1=\{u\in L^6\,\|\,|\nabla u\|_{L^2}<\infty,\text{且当}|x|\to\infty\text{时},u=0\}$$

$$\|u\|_{D_0^1}=\|\nabla u\|_{L^2},\quad H_0^1=L^2\cap D_0^1。$$

这里用 G 来表示势能函数,其表达式如下:

$$G(m,\frac{n}{m})=m\int_{\tilde{m}}^{m}\frac{P(s,\frac{n}{m})-P(\tilde{m},\tilde{n})}{s^2}ds+\frac{m}{}P(\tilde{m},\tilde{n})-\frac{m}{}P(\tilde{m},\frac{n}{m}\tilde{m})。\tag{2.3}$$

已知初始能量值为

$$C_0=\int(\frac{1}{2}m_0|u_0|^2+G(m_0,\frac{n_0}{m_0}))dx。\tag{2.4}$$

假设:

$$\int|\nabla u_0|^2dx\leqslant M,\tag{2.5}$$

这里, M 表示一个正的常数。这里设待定常数 $\delta_1\in(0,1]$, 使得

$$\tilde{m}\tilde{n}\geqslant\frac{2}{\delta_1(2+\delta_1)}。\tag{2.6}$$

本章用 F 及 ω 分别表示旋度矩阵和有效粘性流, F 及 ω 由以下形式来定义:

$$F=(2\mu+\lambda)\mathrm{div}u-P(m,n)+P(\tilde{m},\tilde{n}),\tag{2.7}$$

$$\omega^{j,k}=\partial_k u^j-\partial_j u^k。\tag{2.8}$$

$\frac{D}{Dt}$ 表示物质导数,其形式为 $\frac{Df}{Dt}=\dot{f}=f_t+u\cdot\nabla f$。

下面给出本章的主要结论。

定理 2.1 假设条件式 (2.3) — (2.6) 成立,对给定常数 $\bar{m},\bar{n},M$ (不要求很小) 满足 $\bar{m}>2\tilde{m}$, 初值 (m_0,n_0,u_0) 满足:

$$0\leqslant\inf_x m_0\leqslant\sup_x m_0\leqslant\bar{m},\quad 0\leqslant\inf_x n_0\leqslant\sup_x n_0\leqslant\bar{n},\tag{2.9}$$

$$u_0\in D^1\cap D^3,\quad(m_0-\tilde{m},n_0-\tilde{n})\in H^3,\tag{2.10}$$

及相容性条件:

$$-\mu\Delta u_0-(\lambda+\mu)\nabla\mathrm{div}u_0+\nabla P(m_0,n_0)=m_0 g, \tag{2.11}$$

对 $g\in D^1$ 满足 $m_0^{\frac{1}{2}}g\in L^2$。另外，假设：

$$0\leqslant \underline{s}_0 m\leqslant n_0\leqslant \frac{\tilde{n}}{\tilde{m}}m_0, \tag{2.12}$$

其中，$\underline{s}_0$ 为正常数，并满足：

$$\frac{\tilde{n}}{2\tilde{m}}\leqslant \underline{s}_0\leqslant \frac{\tilde{n}}{\tilde{m}}, \tag{2.13}$$

则存在依赖于 $\bar{m},M,m,n,C^0,a_0,\underline{s}_0,\mu$ 及 λ 的大于零的常数 ε，使得当 $C_0\leqslant\varepsilon$，柯西问题式（2.1）和式(2.2）存在全局经典解 (m,n,u)，且对任意的 $0<\tau<T<\infty$满足：

$$0\leqslant m\leqslant 2\bar{m},\quad 0\leqslant \underline{s}_0 m\leqslant n\leqslant \frac{\tilde{n}}{\tilde{m}}m,\quad x\in R^3,\quad t\geqslant 0, \tag{2.14}$$

$$(m-\tilde{m},n-\tilde{n})\in C(0,T;H^3),$$

$$u\in C(0,T;D_0^1\cap D^3)\cap L^2(0,T;D^4)\cap L^\infty(\tau,T;D^4), \tag{2.15}$$

$$(m_t,n_t)\in C(0,T;H^2),\quad \sqrt{m}u_t\in L^\infty(0,T;L^2),\quad \sqrt{m}u_{tt}\in L^2(0,T;L^2), \tag{2.16}$$

首先，式(2.1)和式(2.2）的局部解以及定理2.1中的正则性可以由相关文献[17,54]得到，这里省略其证明，并且其正则性保证了其唯一性[54]。接下来，笔者将给出下一节经常用到的一些引理。

引理2.1　设 $0\leqslant t_1\leqslant t_2\leqslant T$ 对任意的 $p\geqslant 2$ 以及 $r\geqslant 0$，有

$$\int_{t_1}^{t_2}\int\sigma^r|P(m,n-P(\tilde{m},\tilde{n})|^p dxds\leqslant C(\int_{t_1}^{t_2}\int\sigma^r|F|^p dxds+C_0)。 \tag{2.17}$$

根据 F 和 ω 的定义式（2.7）和式（2.8）将方程（2.1）$_3$ 变形为

$$m\dot{u}^j=\partial_j F+\mu\partial_k\omega^{j,k}, \tag{2.18}$$

得到：

$$\Delta F=\mathrm{div}(m\dot{u}), \tag{2.19}$$

$$\mu\Delta\omega^{j,k}=\partial_k(m\dot{u})-\partial_j(m\dot{u}^k), \tag{2.20}$$

及

$$(\mu+\lambda)\Delta u^j=\partial_j F+(\mu+\lambda)\partial_k\omega^{j,k}+\partial_j[P(m,n)-P(\tilde{m},\tilde{n})]。\tag{2.21}$$

那么我们有

引理 2.2 如果 (m,n,u) 为模型 (2.1) 和模型(2.2) 的经典解,那么对任意的 $p\in[2,6]$ 可以得到:

$$\|u\|_{L^p}\leqslant C(\bar{m})C_0^{\frac{6-p}{4p}}\|\nabla u\|_{L^2}^{\frac{3p-6}{2p}}+C_0^{\frac{6-p}{6p}}\|\nabla u\|_{L^2},\tag{2.22}$$

$$\|\nabla F\|_{L^p}+\|\nabla\omega\|_{L^p}\leqslant C\|m\dot{u}\|_{L^p},\tag{2.23}$$

$$\|F\|_{L^p}+\|\omega\|_{L^p}\leqslant C\|m\dot{u}\|_{L^2}^{\frac{3p-6}{2p}}(\|\nabla u\|_{L^2}+\|P(m,n)-P(\tilde{m},\tilde{n})\|_{L^2})^{\frac{6-p}{2p}},\tag{2.24}$$

$$\|\nabla u\|_{L^p}\leqslant C(\|F\|_{L^p}+\|\omega\|_{L^p})+C\|P(m,n)-P(\tilde{m},\tilde{n})\|_{L^p},\tag{2.25}$$

$$\begin{aligned}\|\nabla u\|_{L^p}\leqslant{}& C(\|\nabla u\|_{L^2}+\|P(m,n)-P(\tilde{m},\tilde{n})\|_{L^2})^{\frac{6-p}{2p}}\|m\dot{u}\|_{L^2}^{\frac{3p-6}{2p}}\\&+C\|P(m,n)-P(\tilde{m},\tilde{n})\|_{L^2}^{\frac{6-p}{2p}}\|P(m,n)-P(\tilde{m},\tilde{n})\|_{L^6}^{\frac{3p-6}{2p}},\end{aligned}\tag{2.26}$$

其中,C 是只依赖于 μ,λ,p 的正常数。

第二节 先验估计

在这一节中,在初值满足模型 (2.9)—(2.13) 的条件下,证明模型(2.1)和模型(2.2) 在 $R^3\times[0,T]$ 对某个时间 $T>0$ 的局部解的先验估计。先设

$$A_1(T)=\sup_{0<t\leqslant T}\sigma\int|\nabla u|^2dx+\int_0^T\int\sigma m|\dot{u}|^2dxds,$$

$$A_2(T)=\sup_{0<t\leqslant T}\sigma^3\int m|\dot{u}|^2dx+\int_0^T\int\sigma^3|\nabla\dot{u}|^2dxds,$$

这里，$\sigma(t)=\min\{1,t\}$。对任意的 $(x,t)\in R^3\times[0,T]$，给出以下先验假设条件：

$$0\leqslant m(x,t)\leqslant \bar{m},\tag{2.27}$$

及

$$A_1(T)+A_2(T)\leqslant 2C_0^{\theta}。\tag{2.28}$$

先给出一些基本的估计：

引理 2.3 在定理 2.1 的条件下，对任意 $0\leqslant t\leqslant T$，有

$$0\leqslant \underline{s}_0 m\leqslant n\leqslant \frac{\tilde{n}}{\tilde{m}}m,\quad x\in R^3\tag{2.29}$$

证明：给出粒子轨迹 $x=X(t,y)$ 为

$$\begin{cases}\dfrac{d}{dt}X(t,y)=u(X(t,y),t),\\ X(0,y)=y。\end{cases}\tag{2.30}$$

由方程 $(2.1)_1$ 及方程 $(2.1)_2$，有

$$\left(\frac{n}{m}\right)_t+u\cdot\nabla\left(\frac{n}{m}\right)=0,\tag{2.31}$$

得到：

$$\frac{n(x,t)}{m(x,t)}=\frac{n_0}{m_0}(X^{-1}(t,x)):=s_0=s_0(x,t)。\tag{2.32}$$

其中，X^{-1} 表示 X 的转置，结合式（2.12）就完成了引理 2.3 的证明。

引理 2.4 在定理 2.1 的条件下，有

$$0\leqslant P_m\leqslant C(C^0),\quad (x,t)\in R^3\times[0,T],\tag{2.33}$$

$$2aC^0\leqslant P_n\leqslant C(C^0,a_0,\underline{s}_0),\quad (x,t)\in R^3\times[0,T]。\tag{2.34}$$

证明：通过直接计算可以得到：

$$P_m=C^0\left\{1-\frac{b(m,n)}{\sqrt{b^2(m,n)+c(m,n)}}\right\}\leqslant C,\tag{2.35}$$

$$P_n=C^0\left\{a_0+\frac{a_0}{\sqrt{b^2(m,n)+c(m,n)}}(m+a_0n+k_0)\right\}\leqslant C,\tag{2.36}$$

为了得到式（2.35），只需证明：

$$\left(\frac{b(m,n)}{\sqrt{b^2(m,n)+c(m,n)}}\right)^2 \leqslant C,$$

由引理 2.3，得到：

$$\begin{aligned}1 \leqslant \left(\frac{m+a_0n+k_0}{\sqrt{b^2(m,n)+c(m,n)}}\right)^2 &= \frac{m^2+(a_0n)^2+k_0^2+2k_0m+2a_0mn+2a_0k_0n}{m^2+(a_0n)^2+k_0^2-2k_0m+2a_0mn+2a_0k_0n}\\ &\leqslant \frac{4k_0m}{(k_0-m)^2+(a_0n)^2+2a_0mn+2a_0k_0n}\\ &\leqslant 1+\frac{4k_0m}{2a_0k_0n}\\ &\leqslant C(a_0,\underline{s}_0)。\end{aligned}$$

这样就完成了对引理 2.4 的证明。

命题 2.1 设 (m,n,u) 为模型(2.1)和模型(2.2) 在 $[0,T]$ 的经典解，并满足假设条件模型（2.27)和模型(2.28)，则存在正常数 $C=C(\overline{m},\widetilde{m},\tilde{n},a_0,C^0,\underline{s}_0,\mu,\lambda)$ 使得

$$\sup_{0\leqslant t\leqslant T}\int\left(\frac{1}{2}m|u|^2+G(m,n)\right)dx+\int_0^T\int(\mu|\nabla u|^2+(\lambda+\mu)|\mathrm{div}u|^2)dxds \leqslant C_0, \tag{2.37}$$

由上式可以得到：

$$\sup_{0\leqslant t\leqslant T}\int(m|u|^2+(m-\widetilde{m})^2+(n-\tilde{n})^2)\,dx+\int_0^T\int|\nabla u|^2dxds \leqslant CC_0, \tag{2.38}$$

证明：根据 Yao 等的方法[16]，笔者得到了在 $R^N(N=2,3)$ 中的标准的能量不等式。类似地，令

$$B(t)=\sup_{0\leqslant t\leqslant T}\int\left(\frac{1}{2}m|u|^2+G(m,n)\right)dx,\quad 0\leqslant t\leqslant T, \tag{2.39}$$

由方程（2.1)，利用分部积分和等式：

$$mG_m=G+P(m,n)-P(\widetilde{m},\tilde{n}), \tag{2.40}$$

可以得到：

$$B'(t)=\int\left\{\frac{1}{2}|u|^2m_t+mu\cdot u_t+G_mm_t+G_{s_0}s_{0t}\right\}dx$$

$$
\begin{aligned}
&= \int \Big\{ -\frac{1}{2}|u|^2 \mathrm{div}(mu) + u^j[-mu\cdot\nabla u^j - \partial_j P(m,n) + \mu\Delta u^j + (\lambda+\mu)\partial_j \mathrm{div}u] \\
&\quad - G_m \mathrm{div}(mu) - G_{s_0} u\cdot\nabla s_0 \Big\} dx \\
&= \int \Big\{ -\frac{1}{2}|u|^2 \mathrm{div}(mu) + u^j[-mu\cdot\nabla u^j - \partial_j P(m,n) + \mu\Delta u^j + (\lambda+\mu)\partial_j \mathrm{div}u] \\
&\quad - G_m u\cdot\nabla m - G_{s_0} u\cdot\nabla s_0 - G_m m\mathrm{div}u \Big\} dx \\
&= \int \Big\{ -\frac{1}{2}|u|^2 \mathrm{div}(mu) + mu^j u^i \partial_i u^j - u\cdot\nabla P(m,n) - \mu(\partial_i u^j)^2 - (\lambda+\mu)(\mathrm{div}u)^2 \\
&\quad \mathrm{div}u(P(m,n)-P(\tilde{m},\tilde{n})) - \mathrm{div}(uG) \Big\} dx \\
&= \int \Big\{ \frac{1}{2}\nabla(|u|^2)\cdot(mu) - mu^j u^i \partial_i u^j - \mathrm{div}u(u(P(m,n)-P(\tilde{m},\tilde{n}))) \\
&\quad - \mathrm{div}(uG) - \mu(\partial_i u^j)^2 - (\lambda+\mu)(\mathrm{div}u)^2 \Big\} dx
\end{aligned} \tag{2.41}
$$

上面的等式可以由式（2.7）以 G 的表达式得到。则由式（2.41）可得

$$
\begin{aligned}
B'(t) + \int \{\mu|\nabla u|^2 + (\lambda+\mu)(\mathrm{div}u)^2\} dx &= \int \left\{ \frac{1}{2}\nabla(|u|^2)\cdot(mu) - mu^j u^i \partial_i u^j \right\} dx \\
&= \int \left\{ \frac{1}{2}\partial_i((u^j)^2) mu^i - mu^j u^i \partial_i u^j \right\} dx \\
&= 0,
\end{aligned} \tag{2.42}
$$

即

$$
\int \left\{ \frac{1}{2} m|u|^2 + G(m,s_0) \right\} dx + \int_0^T \int \{\mu|\nabla u|^2 + \lambda(\mathrm{div}u)^2\} dxds =
$$

$$
\int \left\{ \frac{1}{2} m_0 |u_0|^2 - G(m_0, \frac{n_0}{m_0}) \right\} dx。
$$

这样就完成了对命题 2.1 的证明。

以下估计证明方法可参考 Yao 等、Hoff 和 Zumbrun 等的研究[14,56-58]。

引理 2.5 设 $(m,n,u)(x,t)$ 为模型（2.1）和模型(2.2) 在 $[0,T]$ 的经典解,并满足假设条件式（2.27）和模型(2.28),则存在常数 $C = C(\overline{m})$ 使得

$$
A_1(T) = \sup_{0<t\leq T} \sigma \int |\nabla u|^2 dx + \int_0^T \int \sigma m|\dot{u}|^2 dxds \leq CC_0 + \int_0^T \int \sigma |\nabla u|^3 dxds, \tag{2.43}
$$

及

$$A_2(T)=\sup_{0<t\leqslant T}\sigma^3\int m|\dot{u}|^2dx+\int_0^T\int\sigma^3|\nabla\dot{u}|^2dxds$$
$$\leqslant CC_0+CA_1(T)+C\int_0^T\int\sigma^3|\nabla u|^4dxds。\qquad(2.44)$$

证明:方程 $(2.1)_3$ 两边同时乘以 $\sigma\dot{u}$，对所得到的等式在 $R^3\times[0,T]$ 上积分，可以得到：

$$\int_0^T\int\sigma m|\dot{u}|^2dxds=\int_0^T\int(-\sigma\dot{u}\cdot\nabla P+\mu\sigma\Delta u+(\lambda+\mu)\Delta\text{div}u\cdot\dot{u})\,dxds$$
$$=\sum_{i=1}^3F_i,\qquad(2.45)$$

利用分部积分以及 $P(m,n)\leqslant Cm^{\frac{1}{2}}$，可以得到：

$$F_1=\int_0^T\int-\sigma\dot{u}\cdot\nabla Pdxds$$
$$=\int_0^T\int-\sigma(u_t+u\cdot\nabla u)\cdot\nabla Pdxds$$
$$=\int_0^T\int\sigma[(\text{div}u)_t(P(m,n)-P(\tilde{m},\tilde{n}))-(u\cdot\nabla u)\cdot\nabla P]\,dxds$$
$$=\int_0^T\int[\sigma\text{div}u(P(m,n)-P(\tilde{m},\tilde{n}))]_tdxds-$$
$$\int_0^T\int\{\sigma_t\text{div}u(P(m,n)-P(\tilde{m},\tilde{n}))+\sigma P(m,n)_t\text{div}u+\sigma(u\cdot\nabla u)\cdot\nabla P\}\,dxds$$
$$=\int\sigma\text{div}u(P(m,n)-P(\tilde{m},\tilde{n}))\,dx-$$
$$\int_0^T\int\{\sigma_t\text{div}u(P(m,n)-P(\tilde{m},\tilde{n}))+\sigma P(m,n)_t\text{div}u+\sigma(u\cdot\nabla u)\cdot\nabla P\}\,dxds$$
$$=\int\sigma\text{div}u(P(m,n)-P(\tilde{m},\tilde{n}))\,dx-\int_0^T\int\sigma_t\text{div}u(P(m,n)-P(\tilde{m},\tilde{n}))\,dxds+$$
$$\int_0^T\int\sigma\{(mP_m+nP_n)(\text{div}u)^2-P(m,n)(\text{div}u)^2+P(m,n)\partial_iu^j\partial_ju^i\}\,dxds$$
$$\leqslant C\sigma\int|\nabla u|(|m-\tilde{m}|+|n-\tilde{n}|)\,dx+$$
$$C\int_0^{1\wedge t}\int|\nabla u|(|m-\tilde{m}|+|n-\tilde{n}|)\,dxds+\int_0^T\int|\nabla u|^2dxds$$
$$\leqslant\frac{\mu}{4}\sigma\int|\nabla u|^2dx+C\sigma\int((m-\tilde{m})^2+(n-\tilde{n})^2)\,dx+C\int_0^{1\wedge t}\int|\nabla u|^2dxds+$$

$$C\int_0^{1\wedge t}\int((m-\tilde{m})^2+(n-\tilde{n})^2)\,dxds+C\int_0^T\int|\nabla u|^2dxds$$

$$\leqslant \frac{\mu}{4}\sigma\int|\nabla u|^2dx+CC_0 \tag{2.46}$$

$$\begin{aligned}
F_2&=\int_0^T\int\mu\sigma\Delta u\cdot\dot{u}dxds\\
&=\int_0^T\int\mu\sigma\Delta u\cdot(u_t+u\cdot\nabla u)dxds\\
&=\int_0^T\int\mu\sigma\Delta u\cdot u_tdxds+\int_0^T\int\mu\sigma\Delta u\cdot(u\cdot\nabla u)dxds\\
&=-\int_0^T\int\mu\sigma\,\nabla u\cdot(\nabla u)_tdxds+\int_0^T\int\mu\sigma\partial_i\partial_iu^j(u^k\partial_ku^j)dxds\\
&=-\frac{1}{2}\int_0^T\int\mu\sigma\,(|\nabla u|^2)_tdxds-\int_0^T\int\mu\sigma\partial_iu^j\partial_i(u^k\partial_ku^j)dxds\\
&=\frac{1}{2}\int\mu\sigma|\nabla u|^2dx+\frac{\mu}{2}\int_0^T\int\sigma_t|\nabla u|^2dxds-\int_0^T\int\mu\partial_iu^j\partial_iu^k\partial_ku^jdxds+\\
&\quad\frac{\mu}{2}\int_0^T\int\sigma\partial_ku^k\,(\partial_iu^j)^2dxds\\
&\leqslant-\frac{1}{2}\int\mu\sigma|\nabla u|^2dx+\frac{\mu}{2}\int_0^{1\wedge t}\int|\nabla u|^2dxds+C\int_0^T\int\sigma|\nabla u|^3dxds\\
&\leqslant-\frac{1}{2}\int\mu\sigma|\nabla u|^2dx+C\int_0^T\int\sigma|\nabla u|^3dxds+CC_0
\end{aligned}\tag{2.47}$$

$$\begin{aligned}
F_3&=(\lambda+\mu)\int_0^T\int\sigma\,\nabla(\mathrm{div}u)\cdot\dot{u}dxds\\
&=(\lambda+\mu)\int_0^T\int\sigma\,\nabla(\mathrm{div}u)\cdot(u_t+u\cdot\nabla u)dxds\\
&=-\frac{\sigma}{2}(\lambda+\mu)\int|\mathrm{div}u|^2dx+\frac{\lambda+\mu}{2}\int_0^T\int\sigma_t|\mathrm{div}u|^2dxds+\\
&\quad(\lambda+\mu)\int_0^T\int\sigma\,\nabla(\mathrm{div}u)\cdot(u\cdot\nabla u)dxds\\
&\leqslant-\frac{\sigma}{2}(\lambda+\mu)\int|\mathrm{div}u|^2dx+\frac{\lambda+\mu}{2}\int_0^{1\wedge t}\int|\mathrm{div}u|^2dxds+C\int_0^T\int|\nabla u|^3dxds\\
&\leqslant-\frac{\sigma}{2}(\lambda+\mu)\int|\mathrm{div}u|^2dx+C\int_0^T\int|\nabla u|^3dxds+CC_0
\end{aligned}\tag{2.48}$$

由式 (2.45)—(2.48),就可以推得式 (2.43)。

接下来证明式 (2.44)。首先在式 $(2.1)_3$ 两边作用算子 $\partial_t + \text{div}(u\cdot)$,然后等式两边同时乘以 $\sigma^3\dot{u}$ 可得到等式:

$$\begin{aligned}\frac{\sigma^3}{2}\int m|\dot{u}|^2dx=&\frac{3}{2}\int_0^T\int\sigma^2\sigma_t m|\dot{u}|^2-\sigma^3\dot{u}^j[\partial_jP_t+\text{div}(\partial_jPu)]+\\&\mu\sigma^3\dot{u}^j[\Delta u_t^j+\text{div}(u\Delta u^j)]+\\&(\lambda+\mu)\sigma^3\dot{u}^j[\partial_t\partial_j\text{div}u+\text{div}(u\partial_j\text{div}u)]\,dxds\\=&\sum_{i=1}^4 J_i。\end{aligned}\tag{2.49}$$

利用分部积分、方程 (2.1) 和 Cauchy 不等式,可得 J_2—J_4,有如下估计:

$$\begin{aligned}J_2=&-\int_0^T\int\sigma^3\dot{u}^j[\partial_jP_t+\text{div}(\partial_jPu)]dxds\\=&\int_0^T\int\sigma^3[\partial_j\dot{u}^j(P_mm_t+P_nn_t)+\partial_k\dot{u}^j\partial_jPu^k]dxds\\=&-\int_0^T\int\sigma^3[(P_mm\text{div}u+u\cdot\nabla m)\partial_j\dot{u}^j+(P_nn\text{div}u+u\cdot\nabla n)\partial_j\dot{u}^j]dxds-\\&\int_0^T\int\sigma^3P(m,n)\partial_j(\partial_k\dot{u}^ju^k)dxds\\=&\int_0^T\int\sigma^3[-P_mm\text{div}u\partial_j\dot{u}^j-P_nn\text{div}u\partial_j\dot{u}^j+\partial_j\dot{u}^j\text{div}P-\partial_k\dot{u}^j\partial_ju^kP]dxds\\\leqslant&\int_0^T\int\sigma^3|\nabla u\|\nabla\dot{u}|dxds\\\leqslant&\delta\int_0^T\int\sigma^3|\nabla\dot{u}|^2dxds+C(\delta)\int_0^T\int\sigma^3|\nabla u|^2dxds,\end{aligned}\tag{2.50}$$

$$\begin{aligned}J_3=&\mu\int_0^T\int\sigma^3\dot{u}^j[\Delta u_t^j+\text{div}(u\Delta u^j)]\,dxds\\=&-\mu\int_0^T\int\sigma^3[\partial_i\dot{u}^j\partial_iu_t^j+\Delta u^ju^k\partial_k\dot{u}^j]\,dxds\\=&-\mu\int_0^T\int\sigma^3[|\nabla\dot{u}|^2-\partial_i\dot{u}^ju^k\partial_k\partial_iu^j-\partial_i\dot{u}^j\partial_iu^k\partial_ku^j+\Delta u^ju\cdot\nabla\dot{u}^j]\,dxds\\=&-\mu\int_0^T\int\sigma^3[|\nabla\dot{u}|^2+\partial_i\dot{u}^j\partial_ku^k\partial_iu^j-\partial_i\dot{u}^j\partial_iu^k\partial_ku^j-\partial_iu^j\partial_iu^k\partial_k\dot{u}^j]\,dxds\end{aligned}$$

$$\leqslant -\frac{\mu}{2}\int_0^T\int\sigma^3|\nabla\dot{u}|^2dxds + C\int_0^T\int\sigma^3|\nabla u|^4dxds, \tag{2.51}$$

以及

$$J_4 = (\lambda+\mu)\int_0^T\int\sigma^3\dot{u}^j[\partial_t\partial_j(\mathrm{div}u) + \mathrm{div}(u\partial_j\mathrm{div}u)]dxds$$

$$= -(\lambda+\mu)\int_0^T\int\sigma^3\dot{u}^j\{\partial_j\dot{u}^j\partial_t(\mathrm{div}u) - \dot{u}^j\partial_j[\mathrm{div}(u\mathrm{div}u)] + \dot{u}^j\mathrm{div}(\partial_j u\mathrm{div}u)\}dxds$$

$$= -(\lambda+\mu)\int_0^T\int\sigma^3\dot{u}^j\{\partial_j\dot{u}^j\partial_t(\mathrm{div}u) + \partial_j\dot{u}^j[\mathrm{div}(u\mathrm{div}u)] + \dot{u}^j\mathrm{div}(\partial_j u\mathrm{div}u)\}dxds$$

$$= -(\lambda+\mu)\int_0^T\int\sigma^3\{\partial_j\dot{u}^j\partial_t(\mathrm{div}u) + \partial_j\dot{u}^j u\cdot\nabla\mathrm{div}u + \partial_j\dot{u}^j(\mathrm{div}u)^2 + \dot{u}^j\partial_i(\partial_j u^i\mathrm{div}u)\}dxds$$

$$= -(\lambda+\mu)\int_0^T\int\sigma^3\left\{\partial_j\dot{u}^j\frac{D}{Dt}(\mathrm{div}u) + \partial_j\dot{u}^j(\mathrm{div}u)^2 - \partial_i\dot{u}^j(\partial_j u^i\mathrm{div}u)\right\}dxds$$

$$= -(\lambda+\mu)\int_0^T\int\sigma^3\left\{\partial_j(u_t^j + u\cdot\nabla u^j)\frac{D}{Dt}(\mathrm{div}u) + \partial_j\dot{u}^j(\mathrm{div}u)^2 - \partial_i\dot{u}^j(\partial_j u^i\mathrm{div}u)\right\}dxds$$

$$= -(\lambda+\mu)\int_0^T\int\sigma^3\left\{((\partial_j u^j)_t + u\cdot\partial_j\nabla u^j + \partial_j u\cdot\nabla u^j)\frac{D}{Dt}(\mathrm{div}u) + \partial_j\dot{u}^j(\mathrm{div}u)^2\right\}dxds +$$

$$(\lambda+\mu)\int_0^T\int\sigma^3\partial_i(\partial_j u^i\mathrm{div}u)dxds$$

$$= -(\lambda+\mu)\int_0^T\int\sigma^3\left\{((\partial_j u^j)_t + u\cdot\partial_j\nabla u^j)\frac{D}{Dt}(\mathrm{div}u) + \partial_j u\cdot\nabla u^j\frac{D}{Dt}(\mathrm{div}u)\right\}dxds -$$

$$(\lambda+\mu)\int_0^T\int\sigma^3\{\partial_j\dot{u}^j(\mathrm{div}u)^2 - \partial_i\dot{u}^j(\partial_j u^i\mathrm{div}u)\}dxds$$

$$\leqslant -C\int_0^T\int\sigma^3\left|\frac{D}{Dt}(\mathrm{div}u)\right|^2dxds + C\int_0^T\int\sigma^3|\nabla u|^4dxds + C\int_0^T\int\sigma^3|\nabla\dot{u}|^2dxds, \tag{2.52}$$

将式（2.50）—（2.52）带入到式（2.49），并且取 $\delta = \frac{\mu}{4}$，再利用 Gronwall 不等式，即可得到式（2.44）。这样就完成了对引理 2.5 的证明。

命题 2.2　设 $u_0 \in D_0^1$，(m,n,u) 为模型（2.1）和模型（2.2）在 $[0,T]$ 上的经典解，则存在充分小 ε_1 使得

$$A_1(T) + A_2(T) \leqslant C_0^{\theta}, \tag{2.53}$$

当 $C_0 \leqslant \varepsilon_1 = (C(m,M,m,n,C^0,a_0,\underline{s}_0,\mu,\lambda))^{-4}$。

证明:由引理 2.4 可以得到

$$A_1(T)+A_2(T)\leqslant CC_0+C\int_0^T\int\sigma^3|\nabla u|^4dxds+C\int_0^T\int\sigma|\nabla u|^3dxds。\tag{2.54}$$

首先,来估计式 (2.54) 的第二项,利用式 (2.24),可以得到:

$$\int_0^T\int\sigma^3|\nabla u|^4dxds\leqslant C\int_0^T\int\sigma^3[\,|F|^4+|\omega|^4+|P(m,n)-P(\tilde{m},\tilde{n})|^4]dxds。\tag{2.55}$$

通过式 (1.15)、式(2.24)、式(2.25)、式(2.28)和式 (2.37), 有

$$\begin{aligned}&\int_0^T\int\sigma^3[\,|F|^4+|\omega|^4]dxds\\ \leqslant\ & C\int_0^T\sigma^3\left(\int|\nabla u|^2dx+\int|P(m,n)-P(\tilde{m},\tilde{n})|^2dx\right)^{\frac{1}{2}}\left(\int|m\dot{u}|^2dx\right)^{\frac{3}{2}}ds\\ \leqslant\ & C\sup_{0<t\leqslant T}[\sigma^{\frac{3}{2}}\|\sqrt{m}\dot{u}\|_{L^2}(\sigma^{\frac{1}{2}}\|\nabla u\|_{L^2}+C_0^{\frac{1}{2}})]\int_0^T\int\sigma m|\dot{u}|^2dxds\\ \leqslant\ & C(A_1^{\frac{1}{2}}(T)+C_0^{\frac{1}{2}})A_2^{\frac{1}{2}}(T)A_1(T)\\ \leqslant\ & CC_0^{2\theta}+CC_0^{\frac{1}{2}+\frac{3}{2}\theta},\end{aligned}\tag{2.56}$$

再利用引理 2.1,有

$$\begin{aligned}&\int_0^T\int\sigma^3|P(m,n)-P(\tilde{m},\tilde{n})|^4dxds\leqslant C\left(\int_0^T\int\sigma^3|F|^4dxds+C_0\right)\\ \leqslant\ & CC_0^{2\theta}+CC_0^{\frac{1}{2}+\frac{3}{2}\theta}+CC_0。\end{aligned}\tag{2.57}$$

下面将证明存在大于零的常数 T_1 使得

$$\sup_{t\in[0,T_1\wedge T]}\int|\nabla u|^2dx+\int_0^{T_1\wedge T}\int m|\dot{u}|^2dxdt\leqslant C(M)。\tag{2.58}$$

事实上,方程 $(2.1)_3$ 两边乘以 $\dot{u}$, 将所得的式子在 $R^3\times[0,t]$ 上积分可以得到:

$$\int_0^t\int m|\dot{u}|^2dxds=\int_0^t\int\{-\dot{u}\cdot\nabla P(m,n)+\mu\Delta u\cdot u+(\mu+\lambda)\nabla(\mathrm{div}u)\cdot\dot{u}\}dxds$$

利用分部积分、Hölder 不等式、式$(2.1)_1$、式$(2.1)_2$、式(2.26)、式(2.37) 及式 (2.5), 可以得到:

$$\int |\nabla u|^2 dx + \int_0^t \int m |\dot{u}|^2 dxds \leqslant C(C_0 + M) + C\int_0^t \int |\nabla u|^3 dxds。$$

由式（2.17）、式（1.15）、式（2.24）至式（2.26）和式（2.37）以及 Young 不等式有

$$\int_0^t \int |\nabla u|^3 dxds \leqslant \int_0^t \int (|F|^3 + |\omega|^3) dxds + CC_0$$

$$\leqslant C\int_0^t \|F\|_{L^2}^{\frac{3}{2}} \|\nabla F\|_{L^2}^{\frac{3}{2}} ds + C\int_0^t \|\omega\|_{L^2}^{\frac{3}{2}} \|\nabla\omega\|_{L^2}^{\frac{3}{2}} ds + CC_0$$

$$\leqslant C\int_0^t (\|\nabla u\|_{L^2} + \|P(m,n) - P(\tilde{m},\tilde{n})\|_{L^2})^{\frac{3}{2}} \|m\dot{u}\|_{L^2}^{\frac{3}{2}} ds + CC_0$$

$$\leqslant \frac{1}{2}\int_0^t \int m|\dot{u}| dxds + C\int_0^t \|\nabla u\|_{L^2}^6 ds + CC_0, \tag{2.59}$$

可以得出：

$$\int |\nabla u|^2 dx + \int_0^t \int m|\dot{u}| dxds \leqslant C(1+M) + Ct \sup_{s\in[0,t]} \|\nabla u(\cdot,t)\|_{L^2}^6 \leqslant C(M),$$

当取 $T_1 = \min\left\{1, \sqrt{\frac{1}{8CC(M)^2}}\right\}$ 时可以得到估计式（2.58）。

结合估计式（2.58），可以得到式（2.54）的最后一项的估计。注意到

$$\int_0^T \int \sigma |\nabla u|^3 dxds = \int_0^{T_1\wedge T} \int \sigma |\nabla u|^3 dxds + \int_{T_1\wedge T}^T \int \sigma |\nabla u|^3 dxds。\tag{2.60}$$

由式（2.37）和式（2.55）—(2.57）可以得到：

$$\begin{aligned}\int_{T_1\wedge T}^T \int \sigma |\nabla u|^3 dxds &\leqslant \int_{T_1\wedge T}^T \int \sigma(|\nabla u|^4 + |\nabla u|^2) dxds \\ &\leqslant \int_{T_1\wedge T}^T \int \sigma^3 |\nabla u|^4 dxds + \int_{T_1\wedge T}^T \int |\nabla u|^2 dxds \\ &\leqslant CC_0^{2\theta} + CC_0^{\frac{1}{2}+\frac{3}{2}\theta} + CC_0。\end{aligned} \tag{2.61}$$

利用式（2.26）、式(2.28）、式(2.37）和式（2.58），得到：

$$\int_0^{T_1\wedge T} \int \sigma |\nabla u|^3 dxds$$

$$\leqslant \int_0^{T_1\wedge T} \int \sigma((\|\nabla u\|_{L^2}^{\frac{3}{2}} + \|P(m,n) - P(\tilde{m},\tilde{n})\|_{L^2}^{\frac{3}{2}}) \|m\dot{u}\|_{L^2}^{\frac{3}{2}} +$$

$$\|P(m,n) - P(\tilde{m},\tilde{n})\|_{L^2}^{\frac{3}{2}} \|P(m,n) - P(\tilde{m},\tilde{n})\|_{L^6}^{\frac{3}{2}}) ds$$

$$\leqslant C\int_0^{T_1\wedge T}\left[\sigma^{\frac{1}{4}}\|\nabla u\|_{L^2}^{\frac{3}{2}}\left(\sigma\int m|\dot{u}|^2dx\right)^{\frac{3}{4}}\right]ds+CC_0$$

$$\leqslant C\sup_{t\in[0,T_1\wedge T]}[(\sigma\|\nabla u\|_{L^2}^2)^{\frac{1}{4}}\|\nabla u\|_{L^2}^{\frac{1}{2}}]\int_0^{T_1\wedge T}\|\nabla u\|_{L^2}^{\frac{1}{2}}\left(\sigma\int m|\dot{u}|^2\right)^{\frac{3}{4}}ds+CC_0$$

$$\leqslant C(M)A_1(T)C_0^{\frac{1}{4}}+CC_0$$

$$\leqslant C(M)C_0^{\frac{1}{4}+\theta}+CC_0,\tag{2.62}$$

结合式 (2.58)—(2.62),有

$$\int_0^T\int\sigma|\nabla u|^3dxds\leqslant CC_0^{2\theta}+CC_0^{\frac{1}{2}+\frac{3}{2}\theta}+C(M)C_0^{\theta+\frac{1}{4}}+CC_0。\tag{2.63}$$

再利用式(2.54)—(2.57), 得到:

$$A_1(T)+A_2(T)\leqslant C(M)C_0^{2\theta\wedge(\frac{1}{2}+\frac{3}{2}\theta)\wedge(\theta+\frac{1}{4})\wedge 1}\leqslant C_0^{\theta},$$

当取

$$C(M)\varepsilon_1^{(1-\theta)\wedge\theta\wedge\frac{1}{4}\wedge(\frac{1}{2}+\frac{1}{2}\theta)}\leqslant 1。\tag{2.64}$$

这样就完成了对命题 2.2 的证明。

命题 2.3 设 $u_0\in D_0^1$, (m,n,u) 为模型(2.1)和模型(2.2)在 $[0,T]$ 上的经典解, 则我们有

$$\sup_{0\leqslant t\leqslant T}\|\nabla u\|_{L^2}^2+\int_0^T\int m|\dot{u}|^2dxds\leqslant C(\bar{m},M,\tilde{m},\tilde{n},C^0,a_0,\underline{s}_0,\mu,\lambda),\tag{2.65}$$

$$\sup_{0\leqslant t\leqslant T}\int\sigma m|\dot{u}|^2dx+\int_0^T\int m|\dot{u}|^2dxds\leqslant C(\bar{m},M,\tilde{m},\tilde{n},C^0,a_0,\underline{s}_0,\mu,\lambda),\tag{2.66}$$

当 $C_0\leqslant\varepsilon_1$。

证明:利用式 (2.58) 及命题 2.2, 显然可以得到式 (2.65)。

下面证明式(2.66)成立。对方程 $(2.1)_3$ 作用算子 $\sigma\dot{u}[\frac{\partial}{\partial t}+\mathrm{div}(u\cdot)]$, 将所得方程在 $\mathbb{R}^3\times[0,T]$ 上积分,得到:

$$\frac{\sigma}{2}\int m\ |\dot{u}|^2dx=\int_0^T\int\left\{\frac{1}{2}\sigma_t m\ |\dot{u}|^2-\sigma\dot{u}^j[\partial_jP_t+\operatorname{div}(\partial_jPu)]\right\}dxds$$
$$+\int_0^T\int\mu\sigma\dot{u}^j(\Delta u_t{}^j+\operatorname{div}(u\Delta u^j))\ dxds$$
$$+\int_0^T\int(\lambda+\mu)\sigma\dot{u}^j(\partial_j\partial_t(\operatorname{div}u))+\operatorname{div}(u\partial_j(\operatorname{div}u))\ dxds$$

这里用到了分部积分、式(2.1)$_1$、式(2.1)$_2$、Cauchy 不等式、式(2.26)、式(2.37) 以及式(2.65)，有

$$\sup_{0\leqslant t\leqslant T}\int\sigma m\ |\dot{u}|^2dx+\int_0^T\int\sigma\ |\nabla\dot{u}|^2dxds$$
$$\leqslant\int_0^T\int\sigma_t m\ |\dot{u}|^2dxds+C\int_0^T\int\sigma\ |\nabla u|^4dxds+CC_0$$
$$\leqslant\int_0^{\sigma(T)}\int m\ |\dot{u}|^2dxds+C\int_{T_1\wedge T}^T\int\sigma^3\ |\nabla u|^4dxds+C\int_0^{\sigma(T)}\int\sigma\ |\nabla u|^4dxds+CC_0$$
$$\leqslant C(\bar{m},M)+C\int_{T_1\wedge T}^T\int\sigma^3\ |\nabla u|^4dxds+C\int_0^{T_1\wedge T}\int\sigma\ |\nabla u|^4dxds$$
$$\leqslant C(\bar{m},M)+C\int_0^{T_1\wedge T}\sigma[(\|\nabla u\|_{L^2}+\|P(m,n)-P(\tilde{m},\tilde{n})\|_{L^2})\ \|m\dot{u}\|_{L^2}^3$$
$$+\|P(m,n)-P(\tilde{m},\tilde{n})\|_{L^2}\ \|P(m,n)-P(\tilde{m},\tilde{n})\|_{L^6}^3]ds$$
$$\leqslant C(\bar{m},M)+C(\bar{m},M)\sup_{t\in[0,T_1\wedge T]}\sigma^{\frac{1}{2}}\ \|\sqrt{m}\dot{u}\|_{L^2}$$
$$\leqslant C(\bar{m},M)+\frac{1}{2}\sup_{0\leqslant t\leqslant T}\int\sigma m\ |\dot{u}|^2dx。\tag{2.67}$$

这样就完成了对命题 2.3 的证明。

接下来，我们利用 Hoff 的方法[57]给出 m 和 n 不依赖于时间的上下界。注意式 (2.34) 在这里起关键作用。

命题 2.4 设 (m,n,u) 为模型 (2.1) 和模型(2.2) 在 $[0,T]$ 上的经典解，则存在 ε 依赖于 $\bar{m}$、M、$\tilde{m}$、$\tilde{n}$、C^0、a_0、$\underline{s}_0$、μ、λ，使得

$$\sup_{0\leqslant t\leqslant T}\|m(t)\|_{L^\infty}\leqslant\frac{7\bar{m}}{4},\quad\sup_{0\leqslant t\leqslant T}\|n(t)\|_{L^\infty}\leqslant\frac{7\bar{m}}{4}\frac{\tilde{n}}{\tilde{m}},$$
$$(x,t)\in\mathbb{R}^3\times[0,T],\tag{2.68}$$

当 $C_0\leqslant\varepsilon$。

证明:将质量方程 $(2.1)_1$ 变形为

$$D_t m = g(m) + b'(t),$$

其中,

$$D_t m \triangleq m_t + u \cdot \nabla m, \quad g(m) \triangleq -\frac{m}{2\mu+\lambda}(P(m,n) - P(\tilde{m},\tilde{n})),$$

$$b(t) \triangleq -\frac{1}{2\mu+\lambda}\int_0^t mFdt。$$

对 $t \in [0,\sigma(T)]$,通过引理 2.2、式(2.23)和式(2.66),我们对所有的 $0 \leqslant t_1 \leqslant t_2 \leqslant \sigma(T)$,有

$$|b(t_2) - b(t_1)| \leqslant C(\bar{m}) \int_{t_1}^{t_2} \|F(\cdot,t)\|_{L^\infty} dt$$

$$\leqslant C(\bar{m}) \int_0^{\sigma(T)} \|F(\cdot,t)\|_{L^2}^{1/4} \|\nabla F(\cdot,t)\|_{L^6}^{3/4} dt$$

$$\leqslant C(\bar{m}) \int_0^{\sigma(T)} (\|\nabla u\|_{L^2}^{\frac{1}{4}} + \|P(m,n) - P(\tilde{m},\tilde{n})\|_{L^2}^{\frac{1}{4}}) \cdot \|\nabla \dot{u}\|_{L^2}^{\frac{3}{4}} dt$$

$$\leqslant C(\bar{m},\tilde{m},\tilde{n},C^0,a_0,\underline{s}_0,\mu,\lambda) \int_0^{\sigma(T)} (\sigma^{-\frac{1}{2}}(\sigma^{\frac{1}{2}} \|\nabla u\|_{L^2})^{\frac{1}{4}} +$$

$$C_0^{\frac{1}{8}}\sigma^{-\frac{3}{8}})(\sigma \|\nabla \dot{u}\|_{L^2}^2)^{\frac{3}{8}} dt$$

$$\leqslant C(\bar{m},\tilde{m},\tilde{n},C^0,a_0,\underline{s}_0,\mu,\lambda) C_0^{\frac{1}{16}} \int_0^{\sigma(T)} (\sigma^{-\frac{1}{2}} + 1)(\sigma \|\nabla \dot{u}\|_{L^2}^2)^{\frac{3}{8}} dt$$

$$\leqslant C(\bar{m},\tilde{m},\tilde{n},C^0,a_0,\underline{s}_0,\mu,\lambda) C_0^{\frac{1}{16}} \left(1 + \int_0^1 \sigma^{-\frac{4}{5}} dt\right)^{\frac{5}{8}} \left(\int_0^{\sigma(T)} \sigma \|\nabla \dot{u}\|_{L^2}^2 dt\right)^{\frac{3}{8}}$$

$$\leqslant C(\bar{m},\tilde{m},\tilde{n},C^0,a_0,\underline{s}_0,\mu,\lambda) C_0^{\frac{1}{16}},$$

当 $C_0 \leqslant \varepsilon_1$。因此,对 $t \in [0,\sigma(T)]$,取 $N_1 = 0, N_0 = C(\bar{m},\tilde{m},\tilde{n},C^0,a_0,\underline{s}_0,\mu,\lambda) C_0^{\frac{1}{16}}$ 以及 $\bar{\xi} = 2\tilde{m}$,则有

$$g(\xi) = -\frac{\xi}{2\mu+\lambda}(P(\xi,\xi s_0) - P(\tilde{m},\tilde{n}))$$

$$= -\frac{\xi}{2\mu+\lambda}(P(\xi,s_0\xi) - P(\xi,\tilde{n}) + P(\xi,\tilde{n}) - P(\tilde{m},\tilde{n}))$$

$$= -\frac{\xi}{2\mu+\lambda}(P_m(\tilde{m} + \theta_1(\xi - \tilde{m}),\tilde{n})(\xi - \tilde{m}) + P_n(\xi,\tilde{n} + (s_0\xi - \tilde{n})\theta_2)(s_0\xi - \tilde{n}))$$

$$\triangleq -\frac{1}{2\mu+\lambda}z(\xi), \tag{2.69}$$

其中，$\theta_1,\theta_2 \in (0,1)$ 为常数。由引理 2.2 和式（2.12），可以得到：

$$z(\xi) \geqslant 2a_0C^0\xi(\underline{s}_0\xi - \tilde{n}) \geqslant 4a_0C^0\tilde{m}(2\underline{s}_0\tilde{m} - \tilde{n}) \geqslant 0,$$

对 $\xi \geqslant \bar{\xi} = 2\tilde{m}$，再由引理 2.4，可以得到：

$$\sup_{t\in[0,\sigma(T)]} \|m\|_{L^\infty} \leqslant \max\{\bar{m},2\tilde{m}\} + C(\bar{m},M,\tilde{m},\tilde{n},C^0,a_0,\underline{s}_0,\mu,\lambda)C_0^{\frac{1}{16}} \leqslant$$

$$\tilde{m} + C(\bar{m},M,\tilde{m},\tilde{n},C^0,a_0,\underline{s}_0,\mu,\lambda)C_0^{\frac{1}{16}} \leqslant \frac{3}{2}\tilde{m}, \tag{2.70}$$

当假设 $C_0 \leqslant \min\{\varepsilon_1,\varepsilon_2\}$，

$$\varepsilon_2 = \left(\frac{\bar{m}}{2C(\bar{m},M,\tilde{m},\tilde{n},C^0,a_0,\underline{s}_0,\mu,\lambda)}\right)^{16}。$$

当 $t \in [\sigma(T),T]$ 时，通过引理 2.2、命题 2.2、式（2.23）及式（2.37），有

$$|b(t_2) - b(t_1)| \leqslant C(\bar{m})\int_{t_1}^{t_2} \|F(\cdot,t)\|_{L^\infty}dt$$

$$\leqslant \frac{2a_0C^0}{2\mu+\lambda}(t_2-t_1) + C(\bar{m})\int_{\sigma(T)}^{T} \|F(\cdot,t)\|_{L^\infty}^{\frac{8}{3}}dt$$

$$\leqslant \frac{2a_0C^0}{2\mu+\lambda}(t_2-t_1) + C(\bar{m})\int_{\sigma(T)}^{T} \|F(\cdot,t)\|_{L^2}^{2/3}\|\nabla F(\cdot,t)\|_{L^6}^{2}dt$$

$$\leqslant \frac{2a_0C^0}{2\mu+\lambda}(t_2-t_1) + C(\bar{m},\tilde{m},\tilde{n},C^0,a_0,\underline{s}_0,\mu,\lambda)C_0^{\frac{1}{16}}\int_{\sigma(T)}^{T} \|\nabla\dot{u}\|_{L^2}^{2}dt$$

$$\leqslant \frac{2a_0C^0}{2\mu+\lambda}(t_2-t_1) + C(\bar{m},\tilde{m},\tilde{n},C^0,a_0\ \underline{s}_0,\mu,\lambda)C_0^{\frac{3}{2}},$$

当 $C_0 \leqslant \varepsilon_1$。因此，对于 $t \in [\sigma(T),T]$，取 $N_1 = \frac{2a_0C^0}{2\mu+\lambda}, N_0 = C(\bar{m},\tilde{m},\tilde{n},C^0,$ $a_0,\underline{s}_0,\mu,\lambda)C_0^{\frac{2}{3}}$ 及 $\bar{\xi} = (2+\delta_1)\tilde{m}$。由引理 2.2、式（2.6）和式（2.13），可以得到：

$$z(\xi) \geqslant 2a_0C^0(2+\delta_1)\tilde{m}((2+\delta_1)\underline{s}_0\tilde{m} - \tilde{n}) \geqslant 2a_0C^0(2+\delta_1)\tilde{m}\tilde{n}\frac{\delta_1}{2} \geqslant 2a_0C^0,$$

对 $\xi \geqslant \bar{\xi} = (2+\delta_1)\tilde{m}$，这里 $\delta_1 \in (0,1]$ 是一个充分小的大于零的常数。由引理 2.4 得到：

$$\sup_{t\in[\sigma(T,T]}\|m\|_{L^\infty} \leqslant \max\{\frac{3}{2}\bar{m},(2+\delta_1)\tilde{m}\} + C(\bar{m},\tilde{m},\tilde{n},C^0,a_0,\underline{s}_0,\mu,\lambda)C_0^{\frac{2}{3}}$$

$$\leqslant \frac{3}{2}\bar{m} + C(\bar{m},\tilde{m},\tilde{n},C^0,a_0,\underline{s}_0,\mu,\lambda)C_0^{\frac{2}{3}} \leqslant \frac{7}{4}\bar{m}, \qquad (2.71)$$

当

$$C_0 \leqslant \varepsilon \triangleq \min\{\varepsilon_1,\varepsilon_2,\varepsilon_3\}, \quad \varepsilon_3 = \left(\frac{\tilde{m}}{4C(\bar{m},\tilde{m},\tilde{n},C^0,a_0,\underline{s}_0,\mu,\lambda)}\right)^{\frac{3}{2}}。$$

最后由式（2.70）和式（2.71）完成对命题 2.4 的证明。

从现在开始，假设初始能量 $C_0 \leqslant \varepsilon$，并且常数 C 有可能会依赖 T、$\|\sqrt{m}g\|_{L^2}$、$\|\nabla g\|_{L^2}$、$\|(m_0-\tilde{m},n_0-\tilde{n})\|_{H^3}$、$\|u_0\|_{D_0^1\cap D^3}$ 以及 μ、λ、$\tilde{m}$、$\tilde{n}$、$\bar{m}$、a_0、C^0、$\underline{s}_0$ 和 M，其中 g 如式（2.15）中所示。

最后，给出 (m,n,u) 的高阶估计，证明方法参考相关文献[24,27,30]中单相流 Navier-Stokes 方程的证明。

命题 2.5 设 (m,n,u) 为模型(2.1)—(2.2) 在 $[0,T]$ 上的经典解，则我们有估计：

$$\sup_{0\leqslant t\leqslant T}\int m|\dot{u}|^2dx + \int_0^T\int|\nabla\dot{u}|^2dxdt \leqslant C, \qquad (2.72)$$

$$\sup_{0\leqslant t\leqslant T}(\|\nabla m\|_{L^2\cap L^6} + \|\nabla n\|_{L^2\cap L^6} + \|\nabla u\|_{H^1}) + \int_0^T\|\nabla u\|_{L^\infty}dt \leqslant C。 \qquad (2.73)$$

证明：对方程 $(2.1)_3$ 作用算子 $\dot{u}\left(\frac{\partial}{\partial t}+div(u\cdot)\right)$，对所得方程在 $[0,T]$ 上积分，有

$$(\frac{1}{2}\int m|\dot{u}|^2dx)_t = -\int\dot{u}^j[\partial_jP_t + div(\partial_jPu)]dx + \int\mu\dot{u}^j(\Delta u_t^j + div(u\Delta u^j))dx$$

$$+\int(\lambda+\mu)\dot{u}^j(\partial_j\partial_t(divu) + div(u\partial_j(divu)))dx。$$

利用分部积分、式$(2.1)_1$、式$(2.1)_2$、Cauchy 不等式，可以得到：

$$
\begin{aligned}
&(\int m\,|\dot u|^2dx)_t+\int|\nabla\dot u|^2dx\\
\leqslant\ &C\|\nabla u\|_{L^4}^4+C\|\nabla u\|_{L^2}^2\\
\leqslant\ &C\|\nabla u\|_{L^2}\|\nabla u\|_{L^6}^3+C\\
\leqslant\ &C(\|F\|_{L^6}^3+\|w\|_{L^6}^3+\|P(m,n)-P(\tilde m,\tilde n)\|_{L^6}^3)+C\\
\leqslant\ &C\|m\dot u\|_{L^2}^4+C\\
\leqslant\ &C\|\sqrt{m}\dot u\|_{L^2}^4+C,
\end{aligned}
\tag{2.74}
$$

在这里利用了式(1.15)、式(2.23)—(2.26)、式(2.37)、式(2.65)和式(2.68)。利用相容性条件有

$$
\sqrt{m}\dot u\,|_{t=0}=-\sqrt{m_0}\,g。\tag{2.75}
$$

则利用 Gronwall 不等式得到式(2.72)。

下面证明式(2.73)。对 $p\in[2,6]$、方程 $(2.1)_1$ 的分量式分别对 x_i 求偏导,将所得的方程分别乘以 $p\,|\partial_i|^{p-2}\partial_i m$, 然后加和,得到:

$$
\begin{aligned}
&(|\nabla m|^p)_t+div(|\nabla m|^pu)+(p-1)|\nabla m|^pdivu\\
&+p|\nabla m|^{p-2}(\nabla m)^T\nabla u(\nabla m)+pm|\nabla m|^{p-2}\nabla m\cdot\nabla divu=0。
\end{aligned}
\tag{2.76}
$$

同理可以得到:

$$
\begin{aligned}
&(|\nabla n|^p)_t+\mathrm{div}(|\nabla n|^pu)+(p-1)|\nabla n|^p\mathrm{div}u\\
&+p|\nabla n|^{p-2}(\nabla n)^T\nabla u(\nabla n)+pn|\nabla n|^{p-2}\nabla n\cdot\nabla\mathrm{div}u=0。
\end{aligned}
\tag{2.77}
$$

利用标准的椭圆系统 L^p - 估计:

$$
-\mu\Delta u-(\lambda+\mu)\nabla\mathrm{div}u=m\dot u+\nabla P,\tag{2.78}
$$

得到:

$$
\|\nabla^2u\|_{L^p}\leqslant C(\|m\dot u\|_{L^p}+\|\nabla P\|_{L^p}),\tag{2.79}
$$

结合引理 2.2、式(2.76)和式(2.77)有

$$
\begin{aligned}
&\partial_t(\|\nabla m\|_{L^p}+\|\nabla n\|_{L^p})\\
\leqslant\ &C\|\nabla u\|_{L^\infty}(\|\nabla m\|_{L^p}+\|\nabla n\|_{L^p})+C\|\nabla^2u\|_{L^p}\\
\leqslant\ &C(1+\|\nabla u\|_{L^\infty})(\|\nabla m\|_{L^p}+\|\nabla n\|_{L^p})+C\|m\dot u\|_{L^p},
\end{aligned}
\tag{2.80}
$$

利用引理 2.5 和式(2.79),得到:

$$
\begin{aligned}
&\|\nabla u\|_{L^\infty}\\
&\leqslant C(\|\mathrm{div}u\|_{L^\infty}+\|\omega\|_{L^\infty})\log(e+\|\nabla^2 u\|_{L^6})+C\|\nabla u\|_{L^2}+C\\
&\leqslant C(\|\mathrm{div}u\|_{L^\infty}+\|\omega\|_{L^\infty})\log(e+\|m\dot{u}\|_{L^6}+\|\nabla P\|_{L^6})+C\\
&\leqslant C(\|\mathrm{div}u\|_{L^\infty}+\|\omega\|_{L^\infty})\log(e+\|\nabla\dot{u}\|_{L^2})\\
&\quad +C(\|\mathrm{div}u\|_{L^\infty}+\|w\|_{L^\infty})\log(e+\|\nabla m\|_{L^6}+\|\nabla n\|_{L^6})+C。
\end{aligned}
\tag{2.81}
$$

令

$$
f(t)=e+\|\nabla m\|_{L^6}+\|\nabla n\|_{L^6},
$$

$$
g(t)=1+(\|\mathrm{div}u\|_{L^\infty}+\|w\|_{L^\infty})\log(e+\|\nabla\dot{u}\|_{L^2})+\|\nabla\dot{u}\|_{L^2}。
$$

将式（2.81）带入式（2.80），并取 $p=6$，有

$$
f'(t)\leqslant Cg(t)f(t)+Cg(t)f(t)\ln f(t)+Cg(t),
$$

可以得到：

$$
(\ln f(t))'\leqslant Cg(t)+Cg(t)\ln f(t)。\tag{2.82}
$$

则由引理 2.5、式(2.23)、式(2.72) 和式（2.68）得到：

$$
\begin{aligned}
&\int_0^T g(t)dt\leqslant C\int_0^T(\|\mathrm{div}u\|_{L^\infty}^2+\|\omega\|_{L^\infty}^2)dt+C\\
&\leqslant C\int_0^T(\|F\|_{L^\infty}^2+\|P(m,n)-P(\tilde{m},\tilde{n})\|_{L^\infty}^2+\|w\|_{L^\infty}^2)dt+C\\
&\leqslant C\int_0^T(\|F\|_{L^\infty}^2+\|\nabla F\|_{L^6}^2+\|\omega\|_{L^2}^2+\|\nabla\omega\|_{L^6}^2)dt+C\\
&\leqslant C\int_0^T\|\nabla\dot{u}\|_{L^2}^2dt+C\\
&\leqslant C。
\end{aligned}
\tag{2.83}
$$

再利用 Gronwall 不等式，式(2.82) 有

$$
\sup_{0\leqslant t\leqslant T}f(t)\leqslant C,
$$

即

$$
\sup_{0\leqslant t\leqslant T}(\|\nabla m\|_{L^6}+\|\nabla n\|_{L^6})\leqslant C。\tag{2.84}
$$

结合式（2.82）、式(2.83) 和式（2.84），可以得到：

$$
\int_0^T\|\nabla u\|_{L^\infty}dt\leqslant C。\tag{2.85}
$$

再在式（2.80）中取 $p=2$，得到：

$$\sup_{0\leqslant t\leqslant T}(\|\nabla m\|_{L^2}+\|\nabla n\|_{L^2})\leqslant C。\tag{2.86}$$

这样就完成了对命题 2.5 的证明。

推论 2.1 设 (m,n,u) 为模型（2.1）—（2.2）在 $[0,T]$ 上的经典解，则有

$$\sup_{0\leqslant t\leqslant T}\int m\,|u_t|^2dx+\int_0^T\int|\nabla u_t|^2dxdt\leqslant C。\tag{2.87}$$

命题 2.6 设 (m,n,u) 为模型(2.1)—(2.2)在 $[0,T]$ 上的经典解，则有估计：

$$\sup_{0\leqslant t\leqslant T}(\|m-\tilde{m}\|_{H^2}+\|n-\tilde{n}\|_{H^2})\leqslant C。\tag{2.88}$$

证明：首先，给出如下椭圆估计：

$$\begin{aligned}\|\nabla u\|_{H^2}&\leqslant C(\|\mathrm{div}u\|_{H^2}+\|w\|_{H^2})\\&\leqslant C(\|F\|_{H^2}+\|w\|_{H^2}+\|P(m,n)-P(\tilde{m},\tilde{n})\|_{H^2})。\end{aligned}\tag{2.89}$$

则由式$(2.1)_1$、式$(2.1)_2$ 和上述估计，有

$$\begin{aligned}&\frac{d}{dt}(\|\nabla^2m\|_{L^2}^2+\|\nabla^2n\|_{L^2}^2)\\&\leqslant C(1+\|\nabla u\|_{L^\infty})(\|\nabla^2m\|_{L^2}^2+\|\nabla^2n\|_{L^2}^2)+C\|F\|_{H^2}^2+C\|\omega\|_{H^2}^2+C。\end{aligned}\tag{2.90}$$

通过命题 2.5，得到椭圆系统式（2.19）—（2.20）的 L^2 - 估计为

$$\begin{aligned}&\|F\|_{H^2}+\|\omega\|_{H^2}\leqslant C(\|F\|_{L^2}+\|\omega\|_{L^2}+\|m\dot{u}\|_{H^1})\\&\leqslant C(\|\nabla u\|_{L^2}+\|P(m,n)-P(\tilde{m},\tilde{n})\|_{L^2}+\|\nabla m\|_{L^3}\|\nabla\dot{u}\|_{L^2}+\|\nabla\dot{u}\|_{L^2})\\&\leqslant C(1+\|\nabla\dot{u}\|_{L^2}),\end{aligned}$$

结合命题 2.5 和 Gronwall 不等式，得到：

$$\sup_{0\leqslant t\leqslant T}\int(\|\nabla^2m\|_{L^2}+\|\nabla^2n\|_{L^2})dx\leqslant C。$$

这样完成了对命题 2.6 的证明。

真空情形会导致压强 $P(m,n)$ 产生奇异点，为了解决这个问题，假设 $\underline{s}_0m_0\leqslant n_0\leqslant\frac{\tilde{n}}{\tilde{m}}m_0$，在这个假设条件下，为了得到解的高阶正则性的估计，可

以得到 P_{mm}、P_{mn}、P_{nn}、P_{mmm}、P_{mmn}、P_{mnn} 及 P_{nnn} 的一直上界估计。

引理 2.6 在定理 2.1 的条件下，对 $(x,t)\in R^3\times[0,T]$ 有

$$|P_{mm}|\leqslant C,|P_{mn}|\leqslant C,|P_{nn}|\leqslant C,\tag{2.91}$$

$$|P_{mmm}|\leqslant C,|P_{mmn}|\leqslant C,|P_{mnn}|\leqslant C,|P_{nnn}|\leqslant C,\tag{2.92}$$

证明：通过直接计算可得

$$P_{mm}=C^0\frac{c}{(b^2+c)^{\frac{3}{2}}},P_{nn}=-C^0\frac{4k_0a_0^2m}{(b^2+c)^{\frac{3}{2}}},P_{mn}=2C^0k_0a_0\frac{(k_0-m)+a_0n}{(b^2+c)^{\frac{3}{2}}},$$

$$P_{mmn}=\frac{4k_0a_0C^0}{(b^2+c)^{\frac{3}{2}}}-\frac{12C^0k_0a_0n(k_0a_0+a_0m+a_0^2n)}{(b^2+c)^{\frac{5}{2}}},P_{mmm}=\frac{12C^0k_0a_0nb}{(b^2+c)^{\frac{5}{2}}},$$

$$P_{nnm}=\frac{12C^0k_0a_0^2m(k_0a_0+a_0m+a_0^2n)}{(b^2+c)^{\frac{5}{2}}},$$

$$P_{nnn}=\frac{2k_0a_0^2C^0}{(b^2+c)^{\frac{3}{2}}}-\frac{6C^0k_0a_0^2(k_0^2-m^2+2a_0k_0n+a_0^2n)}{(b^2+c)^{\frac{5}{2}}}。$$

同引理 2.2 的证明，由式（2.12）得到式（2.91）和式（2.92）成立。

推论 2.2 设 (m,n,u) 为模型（2.1）—（2.2）在 $[0,T]$ 上的经典解，有如下估计：

$$\sup_{0\leqslant t\leqslant T}\|P(m,n)-P(\tilde{m},\tilde{n})\|_{H^2}\leqslant C。\tag{2.93}$$

证明：利用命题 2.6 及引理 2.6，容易得到式（2.93）。

命题 2.7 设 (m,n,u) 为模型（2.1）—（2.2）在 $[0,T]$ 上的经典解，有如下估计：

$$\sup_{0\leqslant t\leqslant T}(\|m_t\|_{H^1}+\|n_t\|_{H^1}+\|P_t\|_{H^1})+\int_0^T(\|m_{tt}\|_{L^2}^2+\|n_{tt}\|_{L^2}^2+\|P_{tt}\|_{L^2}^2)dt\leqslant C,\tag{2.94}$$

$$\sup_{0\leqslant t\leqslant T}\int|\nabla u_t{}^2|dx+\int_0^T\int mu_{tt}^2dxdt\leqslant C。\tag{2.95}$$

证明：通过方程 $(2.1)_1$、引理 2.2、式（2.68）和式（2.73），可以得到：

$$\|m_t\|_{L^2}\leqslant C\|u\|_{L^\infty}\|\nabla m\|_{L^2}+C\|\nabla u\|_{L^2}\leqslant C。\tag{2.96}$$

同理有

$$\| n_t \|_{L^2} \leqslant C \| u \|_{L^\infty} \| \nabla n \|_{L^2} + C \| \nabla u \|_{L^2} \leqslant C。 \tag{2.97}$$

对方程 $(2.1)_1$ 两边同时作用算子 ∇，有

$$\partial_j m_t + \partial_j u^i \partial_i m + u^i \partial_i \partial_j m + \partial_j m \operatorname{div} u + m \partial_j \operatorname{div} u = 0。 \tag{2.98}$$

利用引理 2.2、命题 2.4、式(2.73) 和式(2.88)，可以得到：

$$\begin{aligned}
& \| \nabla m_t \|_{L^2} \\
\leqslant & C \| \nabla u \|_{L^3} \| \nabla m \|_{L^6} + C \| u \|_{L^\infty} \| \nabla^2 m \|_{L^2} + \| \nabla^2 u \|_{L^2} \\
\leqslant & C \| \nabla u \|_{L^2}^{\frac{1}{2}} \| \nabla^2 u \|_{L^2}^{\frac{1}{2}} \| \nabla^2 m \|_{L^2} + C \| u \|_{L^2}^{\frac{1}{4}} \| \nabla^2 u \|_{L^2}^{\frac{3}{4}} + C \| \nabla^2 u \|_{L^2} \\
\leqslant & C。
\end{aligned} \tag{2.99}$$

同理可以得到：

$$\| \nabla n_t \|_{L^2} \leqslant C。 \tag{2.100}$$

接下来，方程 $(2.1)_1$ 对 t 求偏导有

$$m_{tt} + u_t \cdot \nabla m + u \cdot \nabla m_t + m_t \operatorname{div} u + m \operatorname{div} u_t = 0。 \tag{2.101}$$

因此，再利用引理 2.2、式(2.73)、式 (2.86)、式 (2.88) 、式(2.99) 和式(2.100)，得到：

$$\begin{aligned}
\int_0^T \| \nabla m_{tt} \|_{L^2}^2 dt \leqslant & C \int_0^T (\| u_t \|_{L^6}^2 \| \nabla m \|_{L^3}^2 + \| \nabla m_t \|_{L^2}^2 \\
& + \| m_t \|_{L^6}^2 \| \nabla u \|_{L^3}^2 + \| \nabla u_t \|_{L^2}^2) dt \\
\leqslant & C。
\end{aligned} \tag{2.102}$$

同理有

$$\int_0^T \| \nabla n_{tt} \|_{L^2}^2 dt \leqslant C。 \tag{2.103}$$

利用同样的方法也可以得到 P_t 和 P_{tt} 的估计。

下面证明式 (2.95)。方程 $(2.1)_3$ 对 t 求偏导，得到的方程两边乘以 u_{tt}，然后对所得方程积分，利用分部积分可以得到：

$$\frac{1}{2} \frac{d}{dt} \int (\mu |\nabla u|^2 + (\mu + \lambda) |\operatorname{div} u|^2) dx + \int m |u_{tt}|^2 dx$$

$$= \frac{d}{dt} (- \frac{1}{2} \int m_t |u_t|^2 dx - \int m_t u \cdot \nabla u \cdot u_t dx + P_t \operatorname{div} u_t dx)$$

$$+\frac{1}{2}\int m_{tt}\,|u_t|^2dx+\int(m_tu\cdot\nabla u)_t\cdot u_tdx-\int mu_t\cdot\nabla u\cdot u_{tt}dx$$

$$-\int mu\cdot\nabla u_t\cdot u_{tt}dx-\int P_{tt}\mathrm{div}u_tdx$$

$$=\frac{d}{dt}K_0+\sum_{i=1}^{5}K_i。\tag{2.104}$$

通过方程(2.1)$_1$、Hölder 不等式、Young 不等式、引理 1.1、引理 2.2、式(2.68)、式(2.73)和式(2.94),可以得到 K_0—K_5 的如下估计:

$$|K_0|=\left|-\frac{1}{2}\int m_t\,|u_t|^2-\int m_tu\cdot\nabla u\cdot u_tdx+P_t\mathrm{div}u_tdx\right|$$

$$\leqslant C\left|\int\mathrm{div}(mu)\,|u_t|^2dx\right|+C\,\|m_t\|_{L^3}\,\|u\cdot\nabla u\|_{L^2}\,\|u_t\|_{L^6}+$$

$$C\,\|P_mm_t+P_tn_t\|_{L^2}\,\|\nabla u_t\|_{L^2}$$

$$\leqslant C\int m|u||u_t||\nabla u_t|dx+C\,\|\nabla u_t\|_{L^2}$$

$$\leqslant\delta\,\|\nabla u_t\|_{L^2}^2+C(\delta),\tag{2.105}$$

$$|K_1|=\frac{1}{2}\left|\int m_{tt}\,|u_t|^2dx\right|=\frac{1}{2}\left|\int(mu)_t\cdot\nabla(|u_t|^2)dx\right|$$

$$\leqslant C\left|\int(m_tu+mu_t)|u_t||\nabla u_t|dx\right|$$

$$\leqslant C(\|u\|_{L^\infty}\,\|m_t\|_{L^3}+\|m^{\frac{1}{2}}u_t\|_{L^2}^{\frac{1}{2}}\,\|u_t\|_{L^6}^{\frac{1}{2}})\,\|u_t\|_{L^6}\,\|\nabla u_t\|_{L^2}$$

$$\leqslant C\,\|\nabla u\|_{L^2}^2+C\,\|\nabla u_t\|_{L^2}^{\frac{5}{2}}\leqslant C\,\|\nabla u_t\|_{L^2}^4+C,\tag{2.106}$$

$$|K_2|=\left|\int(m_tu\cdot\nabla u)_t\cdot u_tdx\right|$$

$$=\left|\int(m_{tt}u\cdot\nabla u\cdot u_t+m_tu_t\cdot\nabla u\cdot u_t+m_tu\cdot\nabla u_t\cdot u_t)dx\right|$$

$$\leqslant\|m_{tt}\|_{L^2}\,\|u\cdot\nabla u\|_{L^3}\,\|u_t\|_{L^6}+\|m_t\|_{L^2}\,\||u_t|^2\|_{L^3}\,\|\nabla u\|_{L^6}$$

$$+\|m_t\|_{L^3}\,\|u\|_{L^\infty}\,\|\nabla u_t\|_{L^2}\,\|u_t\|_{L^6}$$

$$\leqslant C\,\|m_{tt}\|_{L^2}^2+C\,\|\nabla u_t\|_{L^2}^2,\tag{2.107}$$

$$|K_3|+|K_4|=\left|\int mu_t\cdot\nabla u\cdot u_{tt}dx\right|+\left|\int mu\cdot\nabla u_t\cdot u_{tt}dx\right|$$

$$\leqslant C\,\|m^{\frac{1}{2}}u_{tt}\|_{L^2}(\|u_t\|_{L^6}\,\|\nabla u\|_{L^3}+\|u\|_{L^\infty}\,\|\nabla u\|_{L^2})$$

$$\leqslant \delta \| m^{\frac{1}{2}} u_{tt} \|_{L^2}^2 + C(\delta) \| \nabla u \|_{L^2}^2, \tag{2.108}$$

以及

$$\begin{aligned} |K_5| &= \left| \int P_{tt} \operatorname{div} u_t dx \right| \\ &\leqslant C \| P_{tt} \|_{L^2}^2 + C \| \nabla u_t \|_{L^2}^2 \\ &\leqslant C + C \| \nabla u_t \|_{L^2}^2, \end{aligned} \tag{2.109}$$

取 δ 充分小,并结合估计式(2.104)—(2.109),利用 Gronwall 不等式,可以得到:

$$\sup_{0 \leqslant t \leqslant T} \int |\nabla u_t|^2 dt + \int_0^T \int m u_{tt}^2 dx dt \leqslant C。 \tag{2.110}$$

这样就完成了对命题 2.7 的证明。

命题 2.8 设 (m, n, u) 为模型 (2.1)—(2.2) 在 $[0, T]$ 上的经典解,我们有如下估计:

$$\sup_{0 \leqslant t \leqslant T} (\| m - \tilde{m} \|_{H^3} + \| n - \tilde{n} \|_{H^3} + \| P(m, n) - P(\tilde{m}, \tilde{n}) \|_{H^3}) \leqslant C, \tag{2.111}$$

$$\sup_{0 \leqslant t \leqslant T} (\| \nabla u_t \|_{L^2} + \| \nabla u \|_{H^2}) + \int_0^T (\| \nabla u \|_{H^3}^3 + \| \nabla u_t \|_{H^1}^2) dt \leqslant C。 \tag{2.112}$$

证明:利用 Hölder 不等式、Young 不等式、引理 1.1、引理 2.2、命题 2.7、式(2.19)、式(2.20)、式(2.73) 和式(2.88),有

$$\begin{aligned} &\| \nabla(m\dot{u}) \|_{L^2} = \| \nabla(m u_t + m u \cdot \nabla u) \|_{L^2} \\ &\leqslant C \| |\nabla m| |u_t| \|_{L^2} + C \| m \cdot \nabla u_t \|_{L^2} \\ &\quad + C \| |\nabla m| |u| |\nabla u| \|_{L^2} + C \| m |\nabla u|^2 \|_{L^2} + C \| m |u| |\nabla^2 u| \|_{L^2} \\ &\leqslant C \| \nabla m \|_{L^3} \| u_t \|_{L^6} + C \| \nabla u_t \|_{L^2} + C \| u \|_{L^\infty} \| \nabla m \|_{L^3} \| \nabla u \|_{L^6} \\ &\quad + C \| \nabla u \|_{L^3} \| \nabla u \|_{L^6} + C \| u \|_{L^\infty} \| \nabla^2 u \|_{L^2} \\ &\leqslant C, \end{aligned} \tag{2.113}$$

结合式 (2.72) 可以得到:

$$\sup_{0 \leqslant t \leqslant T} \| m\dot{u} \|_{H^1} \leqslant C。 \tag{2.114}$$

标准的椭圆方程 H^1 - 估计如下:

$$
\begin{aligned}
\| \nabla^3 u \|_{L^2} &\leqslant C \| \nabla(\mu\Delta u + (\mu+\lambda)\nabla \mathrm{div} u) \|_{L^2} \\
&\leqslant C \| \nabla(m\dot{u} + \nabla P) \|_{L^2} \\
&\leqslant C \| \nabla(m\dot{u}) \|_{L^2} + C \| \nabla P \|_{H^1} \leqslant C,
\end{aligned} \tag{2.115}
$$

这里利用了式(2.1)$_3$、引理 2.2、式(2.73)和式(2.114)。结合式(2.73)，有

$$
\sup_{0 \leqslant t \leqslant T} \| \nabla u \|_{H^2} \leqslant C。 \tag{2.116}
$$

下面,利用标准的椭圆系统 L^2 - 估计、Hölder 不等式、引理 2.1、引理 2.2、命题 2.7、式(2.68)和式(2.73),可以得到:

$$
\begin{aligned}
& \| \nabla^2 u_t \|_{L^2} \leqslant C \| \mu + \Delta u_t + (\mu+\lambda) \nabla \mathrm{div} u_t \|_{L^2} \\
= & C \| m u_{tt} + m_t u_t + m_t u \cdot \nabla u + m u_t \cdot \nabla u + m u \cdot \nabla u_t + \nabla P_t \|_{L^2} \\
\leqslant & C \| m u_{tt} \|_{L^2} + C \| m_t \|_{L^3} \| u_t \|_{L^6} + C \| u \|_{L^\infty} \| m_t \|_{L^3} \| \nabla u \|_{L^6} \\
\leqslant & C \| m u_{tt} \|_{L^2} + C,
\end{aligned} \tag{2.117}
$$

结合式(2.95)，有

$$
\int_0^T \| \nabla u_t \|_{H^1}^2 dt \leqslant C。 \tag{2.118}
$$

为了估计 $\| \nabla^4 u \|_{L^2}$,利用标准的椭圆方程 H^2 - 估计,得到:

$$
\begin{aligned}
\| \nabla^4 u \|_{L^2} &\leqslant C \| \nabla^2(\mu\Delta u + (\mu+\lambda)\nabla \mathrm{div} u \|_{L^2} \\
&\leqslant C \| m\dot{u} \|_{H^2} + C \| \nabla P \|_{H^2} \\
&\leqslant C + C \| \nabla^2(m\dot{u}) \|_{L^2} + C \| \nabla^3 P \|_{L^2} \\
&\leqslant C + C \| \nabla u_t \|_{H^1} + C \| \nabla^3 P \|_{L^2} \\
&\leqslant C + C \| \nabla u_t \|_{H^1} + C(\| \nabla^3 m \|_{L^2} + \| \nabla^3 n \|_{L^2}),
\end{aligned} \tag{2.119}
$$

这里还利用了方程(2.1)$_3$、引理 2.1、引理 2.4、式(2.73)以及下面的事实:

$$
\begin{aligned}
& \| \nabla^2(m u_t) \|_{L^2} \\
\leqslant & C \| |\nabla^2 m| |u_t| \|_{L^2} + C \| |\nabla m| |\nabla u_t| \|_{L^2} + C \| \nabla^2 u_t \|_{L^2} \\
\leqslant & C \| \nabla^2 m \|_{L^2} \| \nabla u_t \|_{L^2} + C \| \nabla m \|_{L^3} \| \nabla u_t \|_{L^6} + C \| \nabla^2 u \|_{L^2} \\
\leqslant & C + C \| \nabla u_t \|_{L^2},
\end{aligned} \tag{2.120}
$$

和

$$
\begin{aligned}
&\|\nabla^2(mu\cdot\nabla u)\|_{L^2}\\
\leqslant& C\,\||\nabla^2(mu)||\nabla u|\|_{L^2}+C\,\||\nabla mu||\nabla^2 u|\|_{L^2}+C\,\|\nabla^3 u\|_{L^2}\\
\leqslant& C+C\,\|\nabla^2(mu)\|_{L^2}\,\|\nabla u\|_{H^2}+C\,\|\nabla mu\|_{L^3}\,\|\nabla^2 u\|_{L^6}\\
\leqslant& C+C\,\|\nabla^2 m\|_{L^2}\,\|u\|_{L^\infty}+C\,\|\nabla m\|_{L^6}\,\|\nabla u\|_{L^3}+\|\nabla^2 u\|_{L^2}\\
\leqslant& C,
\end{aligned}
\tag{2.121}
$$

这利用了式(2.73) 和式(2.95)。对方程 $(2.1)_1$ 作用算子 ∇^3，将所得方程两边乘以 $\nabla^3 m$，最后在区域 $\mathbb{R}^3\in[0,T]$ 上积分，得到：

$$
\begin{aligned}
&\frac{1}{2}\frac{d}{dt}\int|\nabla^3 m|^2dx=-\int_0^T\int\nabla^3\mathrm{div}(mu)\cdot\nabla^3 mdxdt\\
\leqslant& C(\||\nabla^3 u||\nabla m|\|_{L^2}+\||\nabla^2 u||\nabla^2 m|\|_{L^2}+\||\nabla u||\nabla^3 m|\|_{L^2}\\
&+\|\nabla^4 u\|_{L^2})\,\|\nabla^3 m\|_{L^2}\\
\leqslant& C(\|\nabla^3 u\|_{L^2}\|\nabla m\|_{H^2}+\|\nabla^2 u\|_{L^3}\|\nabla^2 m\|_{L^6}+\|\nabla^3 m\|_{L^2}\|\nabla u\|_{L^\infty})\|\nabla^3 m\|_{L^2}\\
&+C(1+\|\nabla^2 u_t\|_{L^2}+\|\nabla^3 m\|_{L^2})\|\nabla^3 m\|_{L^2}^2\\
\leqslant& C+C\,\|\nabla^2 u_t\|_{L^2}^2+C\,\|\nabla^3 m\|_{L^2}^2。
\end{aligned}
\tag{2.122}
$$

同理，

$$
\begin{aligned}
&\frac{1}{2}\frac{d}{dt}\int|\nabla^3 n|^2dx\\
\leqslant& C+C\,\|\nabla^2 u_t\|_{L^2}^2+C\,\|\nabla^3 n\|_{L^2}^2,
\end{aligned}
\tag{2.123}
$$

这里用到了 Hölder 不等式、Young 不等式、引理 2.1、命题 2.7、式(2.68)、式(2.73) 以及式 (2.119)。结合式 (2.122)及式(2.123)，可以得到：

$$
\begin{aligned}
&\frac{d}{dt}(\|\nabla^3 m\|_{L^2}^2+\|\nabla^3 n\|_{L^2}^2)\\
\leqslant& C+C\,\|\nabla^2 u_t\|_{H^2}^2+C(\|\nabla^3 m\|_{L^2}^2+\|\nabla^3 n\|_{L^2}^2)。
\end{aligned}
\tag{2.124}
$$

再利用 Gronwall 不等式和式 (2.118)，得到：

$$
\sup_{0\leqslant t\leqslant T}(\|\nabla^3 m\|_{L^2}+\|\nabla^2 n\|_{L^2})\leqslant C,\tag{2.125}
$$

结合估计式(2.119)—(2.125)，得到：

$$
\int_0^T\|\nabla u\|_{H^3}^2dt\leqslant C。\tag{2.126}
$$

这样就完成了对命题 2.8 的证明。

命题 2.9 设 (m,n,u) 为模型 (2.1) 和模型(2.2) 在 $[0,T]$ 上的经典解，我们有如下估计：

$$\sup_{0\leqslant t\leqslant T}\sigma(\|\nabla^2 u_t\|_{L^2}+\|\nabla^4 u\|_{L^2})+\int_0^T\sigma^2\|\nabla u_{tt}\|_{L^2}^2dt\leqslant C_{\circ} \tag{2.127}$$

证明:对方程 $(2.1)_3$ 对 t 求偏导,将所得方程两边乘以 u_{tt}，再在区域 $\mathbb{R}^3$ 上积分,得到:

$$\frac{1}{2}\frac{d}{dt}\int m|u_{tt}|^2dx+\int(\mu|\nabla u_{tt}|^2+(\mu+\lambda)(\mathrm{div}u_{tt})^2)dx$$

$$=-4\int u_{tt}^i mu\cdot\nabla u_{tt}^i dx-\int(mu)_t\cdot[\nabla(u_t\cdot u_{tt})+2\nabla u_t\cdot u_{tt}]dx$$

$$-\int(m_{tt}u+2m_tu_t)\cdot\nabla u\cdot u_{tt}dx-\int mu_{tt}\cdot\nabla u\cdot u_{tt}dx+\int P_{tt}\mathrm{div}u_{tt}dx$$

$$=\sum_{i=1}^5 J_{i\circ} \tag{2.128}$$

利用 Hölder 不等式、Young 不等式、引理 2.1、引理 2.2、式(2.68)、式(2.73)、式(2.94) 和式(2.95)，可以得到 J_1—J_5 的如下估计：

$$|J_1|=\left|4\int u_{tt}^i mu\cdot\nabla u_{tt}^i dx\right|$$

$$\leqslant\|m^{\frac{1}{2}}u_{tt}\|_{L^2}\|\nabla u_{tt}\|_{L^2}\|u\|_{L^\infty}$$

$$\leqslant\delta\|\nabla u_{tt}\|_{L^2}^2+C(\delta)\|m^{\frac{1}{2}}u_{tt}\|_{L^2}^2, \tag{2.129}$$

$$|J_2|=\left|\int(mu)_t\cdot[\nabla(u_t\cdot u_{tt})+2\nabla u_t\cdot u_{tt}]dx\right|$$

$$\leqslant C(\|mu_t\|_{L^3}+\|m_tu\|_{L^3})(\|m_{tt}\|_{L^6}\|\nabla u_t\|_{L^2}+\|\nabla u_{tt}\|_{L^2}\|u_t\|_{L^6})$$

$$\leqslant C(\|m^{\frac{1}{2}}u_t\|_{L^2}^{\frac{1}{2}}\|u_t\|_{L^6}^{\frac{1}{2}}+\|m_t\|_{L^6}\|u\|_{L^6})\|\nabla u_{tt}\|_{L^2}$$

$$\leqslant\delta\|\nabla u_{tt}\|_{L^2}^2+C(\delta), \tag{2.130}$$

$$|J_3|=\left|\int(m_{tt}u+2m_tu_t)\cdot\nabla u\cdot u_{tt}dx\right|$$

$$\leqslant C(\|m_{tt}\|_{L^2}\|u\|_{L^\infty}\|\nabla u\|_{L^3}+\|m_t\|_{L^6}\|u_t\|_{L^6}\|\nabla u\|_{L^2})\|u_{tt}\|_{L^6}$$

$$\leqslant\delta\|\nabla u_{tt}\|_{L^2}^2+C(\delta)\|m_{tt}\|_{L^2}^2, \tag{2.131}$$

以及

$$|J_4+J_5|=\left|\int mu_{tt}\cdot\nabla u\cdot u_{tt}dx\right|+\left|\int P_{tt}\mathrm{div}u_{tt}dx\right|$$

$$\leqslant C\ \|mu_{tt}\|_{L^2}\ \|\nabla u\|_{L^3}\ \|u_{tt}\|_{L^6}+C\ \|P_{tt}\|_{L^2}\ \|\nabla u_{tt}\|_{L^2}$$

$$\leqslant C(\delta)\ \|m^{\frac{1}{2}}u_{tt}\|_{L^2}^2+\delta\ \|\nabla u_{tt}\|_{L^2}^2+C(\delta)(\|m_{tt}\|_{L^2}^2+\|n_{tt}\|_{L^2}^2)。\tag{2.132}$$

结合式（2.130）—（2.134），取 δ 充分小，将所得不等式两边乘以 σ^2，那么可以得到：

$$\frac{1}{2}\frac{d}{dt}\int\sigma^2 m\ |u_{tt}|^2dx+\int\sigma^2|\nabla u_{tt}|^2dx$$

$$\leqslant C+2\sigma\sigma'\int m\ |u_{tt}|^2dx+C\sigma^2\ \|m^{\frac{1}{2}}u_{tt}\|_{L^2}^2$$

$$+C\sigma^2(\|m_{tt}\|_{L^2}^2+\|n_{tt}\|_{L^2}^2)+C\sigma^2。\tag{2.133}$$

利用 Gronwall 不等式和命题 2.7，得到：

$$\sup_{0\leqslant t\leqslant T}\int\sigma^2 m\ |u_{tt}|^2dx+\int_0^T\int\sigma^2\ |\nabla u_{tt}|^2dx\leqslant C,\tag{2.134}$$

再结合命题 2.8，有

$$\sup_{0\leqslant t\leqslant T}\sigma\ \|\nabla^2u_t\|_{L^2}+\sigma\ \|\nabla^4u\|_{L^2}^2\leqslant C。\tag{2.135}$$

这样就完成了对命题 2.9 的证明。

第三节 解的存在性的证明

由第二节的先验估计可以证明三维气体—液体两相流模型解的存在唯一性。由局部解的存在性可知，存在时间 $T_*>0$ 使得模型（2.1）和模型（2.2）在区域 $R^3\times(0,T_*]$ 存在唯一的经典解（m,n,u）。下面将经典解的存在性延拓到整个时间轴上。

首先，容易得到：

$$A_1(0)+A_2(0)=0,0\leqslant m_0\leqslant\bar{m},0\leqslant n_0\leqslant\bar{n},$$

可以得到存在时间 $T_1 \in (0,T^*]$ 使得当 $T=T_1$，条件式(2.27)—(2.28)成立。

设

$$\tilde{T}=\sup\{T \mid (2.27)—(2.28)\ 成立\}。\tag{2.136}$$

则 $\tilde{T} \geqslant T_1 > 0$。对 T 其中 $0 \leqslant \tau \leqslant T \leqslant \tilde{T}$ 由命题 2.8、命题 2.9 可得

$$\nabla u_t, \nabla^3 u \in C([\tau,T];L^2 \cap L^4)\ ,\ \nabla u, \nabla^2 u \in C([\tau,T];L^2 \cap C)\ 。\tag{2.137}$$

利用经典的嵌入，对 $q \in [2,6)$，有

$$L^\infty(\tau,T;H^1) \cap H^1(\tau,T;H^{-1}) \xrightarrow{嵌入} C([\tau,T];L^q)\ 。$$

利用式 (2.87)、式(2.110) 和式 (2.127)可得

$$\int_\tau^T \|(m|u_t|^2)_t\|_{H^1}dt \leqslant \int_\tau^T (\|m_t\ |u_t|^2\|_{L^1}+2\|mu_tu_{tt}\|_{L^1})\,dt$$

$$\leqslant$$

$$C\int_\tau^T(\|m|\mathrm{div}u||u_t|^2\|_{L^1}+\||u||\nabla m||u_t|^2\|_{L^1}+\|\sqrt{m}u_t\|_{L^2}\|\sqrt{m}u_{tt}\|_{L^2})\,dt$$

$$\leqslant C\int_\tau^T(\|m\ |u_t|^2\|_{L^1}\ \|\nabla u\|_{L^\infty}+\|u\|_{L^6}\ \|\nabla m\|_{L^2}\ \|u_t\|_{L^6}^2+\|\sqrt{m}u_{tt}\|)\,dt$$

$$\leqslant C,$$

可以得到：

$$\sqrt{m}u_t \in C([\tau,T];L^2)\ 。$$

结合式 (2.137)，可以得到：

$$\sqrt{m}\dot{u}, \nabla\dot{u} \in C([\tau,T];L^2)\ 。$$

事实上，

$$\tilde{T}=\infty。\tag{2.138}$$

否则，若假设 $\tilde{T}<\infty$，则由命题 2.2 和命题 2.4 以及式 (2.137) 可知，$(m,n,u)(x,\tilde{T})$ 满足假设条件式(2.17)—(2.18)。再由解的局部存在定理，可以得到 $T=\tilde{T}'$ 使得与式 (2.136) 矛盾。因此可得式 (2.138) 成立。由引理 2.6 结合式 (2.68)、式(2.73) 以及命题 2.3、命题 2.7—2.9 中的估计，可以得到 $0<T<\tilde{T}=\infty$。

第三章　三维两相流模型半空间初值真空的整体经典解的存在性

第一节　主要结论

本章研究半空间的三维粘性气体—液体两相流模型：

$$\begin{cases} m_t + \operatorname{div}(mu) = 0, \\ n_t + \operatorname{div}(nu) = 0 \\ (mu)_t + \operatorname{div}(mu \otimes u) + \nabla P(m,n) = \mu\Delta u + (\lambda + \mu)\nabla \operatorname{div} u, \end{cases} \tag{3.1}$$

其中，空间 Ω 为半空间，即 $\Omega = \{x \in R^3 \mid x_3 > 0\}$，初值条件为

$$(m,n,u)\mid_{t=0} = (m_0,n_0,u_0), \quad x \in \Omega。\tag{3.2}$$

边界条件为

$$(u^1(x),u^2(x),u^3(x)) = \beta(u^1_{x_3},u^2_{x_3},0), \quad \beta > 0, \quad x \in \partial\Omega \tag{3.3}$$

$$(m,n,u) \to (\tilde{m},\tilde{n},0), \quad |x| \to \infty, \quad (x,t) \in \Omega \times (0,T), \tag{3.4}$$

其中，$\tilde{m}$、$\tilde{n}$ 为正常数。

本章中，考虑两相流模型在半空间情形 $\Omega = \{x \in R^3 : x_3 > 0\}$，得到了当初始能量小的时候整体经典解的存在唯一性。这里初值是带有真空的。

首先，对初值真空三维全空间整体强解和经典解的存在唯一性已经得

到证明,如果考虑半空间的边值问题,会相对复杂。对边值问题,不知道边界的有效粘滞率张量 u_x 和涡量,因此很难利用经典的椭圆估计。这时,我们利用相关文献[60-61]中处理 Navier-Stokes 单项流的方法,并推广到两相流模型。

先对文中的符号加以说明:

$$\int f dx = \int_{\Omega} f dx$$

齐次和非齐次 Sobolev 空间表示如下:

$L^r = L^r(\Omega), H^k = W^{k,2}, D^{k,r}\{u \in L^1_{loc}(\Omega) \mid \|\nabla^k u\|_{L^r} < \infty\}, \|u\|_{D^{k,r}} = \|\nabla^k u\|_{L^r}$

$W^{k,r} = L^r \cap D^{k,2}, D^k = D^{k,2}, D^1 = \{u \in L^6 \mid \|\nabla u\|_{L^2} < \infty, u = 0 \ as \ |x| \to \infty\}$。

势能函数:

$$G\left(m, \frac{n}{m}\right) = m \int_{\tilde{m}}^{m} \frac{P(s, \frac{n}{m}) - P(\tilde{m}, \tilde{n})}{s^2} ds + \frac{m}{\tilde{m}} P(\tilde{m}, \tilde{n}) - \frac{m}{\tilde{m}} P(\tilde{m}, \frac{n}{m}\tilde{m}) \tag{3.5}$$

初始能量为

$$C_0 = \int \left(\frac{1}{2} m_0 |u_0|^2 + G(m_0, \frac{n_0}{m_0}) \right) dx。 \tag{3.6}$$

令

$$\int |\nabla u_0|^2 dx \leqslant M, \tag{3.7}$$

其中, M 为正整数。充分小的待定常数 $\delta_1 \in (0,1]$ 使得

$$\tilde{m}\tilde{n} \geqslant \frac{2}{\delta_1(2 + \delta_1)}。 \tag{3.8}$$

物质导数 $\frac{D}{Dt}$ 为 $\frac{Df}{Dt} = \dot{f} = f_t + u \cdot \nabla f$。

本章的主要结论如下:

定理 3.1 在假设条件式(3.5)—(3.8)下,对正常数 $\bar{m}$、$\bar{n}$、M 满足 $\bar{m} > 2\tilde{m}$, 初值 (m_0, n_0, u_0) 满足条件:

$$0 \leqslant \inf_x m_0 \leqslant \sup_x m_0 \leqslant \bar{m}, 0 \leqslant \inf_x n_0 \leqslant \sup_x n_0 \leqslant \bar{n}, \tag{3.9}$$

$$u_0 \in D^1 \cap D^3, (m_0 - \widetilde{m}, n_0 - \widetilde{n}) \in H^3, \tag{3.10}$$

以及相容性条件:

$$-\mu\Delta u_0 - (\lambda + \mu)\nabla \mathrm{div} u_0 + \nabla P(m_0, n_0) = m_0 g, \tag{3.11}$$

这里,函数 $g \in D^1$ 满足 $m_0^{\frac{1}{2}} g \in L^2$。另外假设:

$$0 \leqslant \underline{s}_0 m_0 \leqslant n_0 \leqslant \frac{\widetilde{n}}{\widetilde{m}} m_0, \tag{3.12}$$

其中,$\underline{s}_0$ 为正的常数,并且满足:

$$\frac{\widetilde{n}}{2\widetilde{m}} m_0 \leqslant \underline{s}_0 \leqslant \frac{\widetilde{n}}{\widetilde{m}}。 \tag{3.13}$$

则存在依赖于 $\overline{m}$、M、$\widetilde{m}$、$\widetilde{n}$、C^0、a_0、$\underline{s}_0$、μ、λ 正常数 ε 满足当 $C_0 \leqslant \varepsilon$ 时,柯西问题式(3.1)—(3.3)存在唯一的经典解 (m, n, u) 对 $0 < \tau < T < \infty$满足:

$$0 \leqslant m \leqslant 2\overline{m}, 0 \leqslant \underline{s}_0 m \leqslant n \leqslant \frac{\widetilde{n}}{\widetilde{m}} m, x \in \Omega, t \geqslant 0, \tag{3.14}$$

$$(m - \widetilde{m}, n - \widetilde{n}) \in C(0, T; H^3),$$

$$u \in C(0, T; D^1 \cap D^3) \cap L^2(0, T; D^4) \cap L^\infty(\tau, T; D^4), \tag{3.15}$$

$$(m_t, n_t) \in C(o, T; H^2), \sqrt{m} u_t \in L^\infty(0, T; L^2), \sqrt{m} u_{tt} \in L^2(0, T; L^2), \tag{3.16}$$

$$u_t \in L^\infty(0, T; D^1) \cap L^2(0, T; D^2) \cap L^\infty(\tau, T; D^2) \cap H^1(\tau, T; D^1)。 \tag{3.17}$$

第二节　先验估计

首先,利用 Cho 和 Kim[54] 的方法,可以得到问题式 (3.1)—(3.3) 局部经典解的存在唯一性,这里省略证明过程。接下来的分析在空间 $\Omega \times [0, T]$ 对局部经典解做了相应的先验估计,其中初值 (m_0, n_0, u_0) 满足定理 3.1 中的正则性式 (3.9)—(3.13)。

记

$$A_1(T)=\sup_{0<t\leqslant T}\sigma\int|\nabla u|^2dx+\int_0^T\int\sigma m|\dot{u}|^2dxds,$$

$$A_2(T)=\sup_{0<t\leqslant T}\sigma^3\int m|\dot{u}|^2dx+\int_0^T\int\sigma^3|\nabla\dot{u}|^2dxds,$$

其中，$\sigma(t)=\min\{1,t\}$。对任意的 $(x,t)\in\Omega\times[0,T]$，假设如下先验估计成立：

$$0\leqslant m(x,t)\leqslant 2\bar{m},\tag{3.18}$$

$$A_1(T)+A_2(T)\leqslant 2C_0^{\frac{1}{2}}。\tag{3.19}$$

由假设条件式 (3.18)，可以得到如下结论：

注释 3.1 在定理 3.1 的条件下，对任意的 $0\leqslant t\leqslant T$ 有

$$0\leqslant \underline{s}_0 m\leqslant n\leqslant\frac{\tilde{n}}{\widetilde{m}}m,\quad x\in\Omega,\tag{3.20}$$

在接下来的证明中，常数 C 表示依赖于 $\bar{m}$、$\widetilde{m}$、$\tilde{n}$、a_0、C^0、$\underline{s}_0$、μ、λ 以及初值。$C(\alpha)$ 表示 C 依赖于 α。

注释 3.2 在定理 3.1 的假设条件下有

$$0\leqslant P_m\leqslant C(C^0),\Omega\times[0,T],\tag{3.21}$$

$$2a_0C^0\leqslant P_n\leqslant C(C^0,a_0,\underline{s}_0),\Omega\times[0,T],\tag{3.22}$$

上述注解在证明 (m,n) 的一致上界时起到关键的作用。下面给出经典的能量估计。

命题 3.1 (能量估计)设 $(m,n,u)(x,t)$ 为问题式 (3.1)—(3.3) 在 $[0,T]$ 的经典解，并且满足假设条件式 (3.18)—(3.19)，则成立：

$$\sup_{0\leqslant t\leqslant T}\int\left(\frac{1}{2}m|u|^2+G(m,n)\right)dx+\int_0^T\int(\mu|\nabla u|^2+(\lambda+\mu)|\operatorname{div}u|^2)\,dxdt$$
$$\leqslant C_0。\tag{3.23}$$

注意到函数 $G(m,n)$ 与 $(m-\widetilde{m})^2+(n-\tilde{n})^2$，这就意味着：

$$\sup_{0\leqslant t\leqslant T}\int(m|u|^2+(m-\widetilde{m})^2+(n-\tilde{n})^2)\,dx+\int_0^T\int|\nabla u|^2dxdt+\beta^{-1}\int_0^T\int_{\partial\Omega}|u|^2dS_xdt$$
$$\leqslant CC_0。\tag{3.24}$$

证明:设

$$B(t)=\sup_{0\leqslant t\leqslant T}\int\left(\frac{1}{2}m|u|^2+G(m,n)\right)dx,\quad 0\leqslant t\leqslant T,\tag{3.25}$$

则由方程（3.1）有

$$B'(t)=\int\left\{\frac{1}{2}|u|^2m_t+mu\cdot u_t+G_mm_t+G_{s_0}s_{0t}\right\}dx$$

$$=\int\{-\frac{1}{2}|u|^2\mathrm{div}(mu)+u^j[-mu\cdot\nabla u^j-\partial_jP(m,n)+\mu\Delta u^j+(\lambda+\mu)\partial_j\mathrm{div}u]$$

$$-G_m\mathrm{div}(mu)-G_{s_0}u\cdot\nabla s_0\}dx$$

$$=\int\{-\frac{1}{2}|u|^2\mathrm{div}(mu)+u^j[-mu\cdot\nabla u^j-\partial_jP(m,n)+\mu\Delta u^j+(\lambda+\mu)\partial_j\mathrm{div}u]$$

$$-G_mu\cdot\nabla m-G_{s_0}u\cdot\nabla s_0-G_mm\mathrm{div}u\}dx$$

$$=\int\{-\frac{1}{2}|u|^2\mathrm{div}(mu)+mu^ju^i\partial_iu^j-u\cdot\nabla P(m,n)-\mu(\partial_iu^j)^2-\lambda(\mathrm{div}u)^2$$

$$-\mathrm{div}u(P(m,n)-P(\tilde{m},\tilde{n}))-\mathrm{div}(uG)\}dx$$

$$+\mu\int_{\partial\Omega}u^j\partial_iu^jN^idS_x+(\lambda+\mu)\int_{\partial\Omega}u^j\mathrm{div}uN^jdS_x$$

$$=\int\{\frac{1}{2}\nabla(|u|^2)\cdot(mu)-mu^ju^i\partial_iu^j-\mathrm{div}u(u(P(m,n)-P(\tilde{m},\tilde{n})))$$

$$-\mathrm{div}(uG)-\mu(\partial_iu^j)^2-\lambda(\mathrm{div}u)^2\}dx+\mu\beta^{-1}\int_{\partial\Omega}u^2dS_x。\tag{3.26}$$

上面的等式可以由 G 的表达式得到,

$$mG_m=G+P(m,n)-P(\tilde{m},\tilde{n}),\tag{3.27}$$

另外,注意到式（3.26）的边界项中 $N=(N^1,N^2,N^3)=(0,0,-1)$ 表示外单位法向量,当 $x\in\partial\Omega$ 时结合边界条件有 $u\cdot N=0$,并满足 $\sum_{i,j=1}^{3}u^j\partial_iu^jN^i=-\beta^{-1}u^2$。

$$B'(t)+\int\{\mu|\nabla u|^2+(\lambda+\mu)(\mathrm{div}u)^2\}dx+\mu\beta^{-1}\int_{\partial\Omega}u^2dS_x$$

$$=\int\left\{\frac{1}{2}\nabla|u|^2\cdot(mu)-mu^ju^i\partial_iu^j\right\}dx$$

$$= \int \left\{ \frac{1}{2} \partial_i ((u^j)^2) m u^i - m u^j u^i \partial_i u^j \right\} dx$$

$$= 0, \tag{3.28}$$

即

$$\int \left\{ \frac{1}{2} m |u|^2 + G(m,n) \right\} dx$$

$$+ \int_0^T \int \{\mu |\nabla u|^2 + (\lambda + \mu)(\mathrm{div} u)^2\} dx ds + \mu\beta^{-1} \int_0^T \int_{\partial\Omega} u^2 dS_x \leqslant CC_0。 \tag{3.29}$$

这样就完成了对命题 3.1 的证明。

接下来,将 ω 和 F 分别表示涡度矩阵和有效粘性通量,其定义如下:

$$F \equiv (2\mu + \lambda) \mathrm{div} u - P(m,n) + P(\tilde{m},\tilde{n}), \omega \equiv \nabla \times u$$

由式 $(3.1)_3$ 可得到:

$$m\dot{u}^j = \partial_j F + \mu \partial_k \omega^{j,k}, \tag{3.30}$$

即可得到:

$$\Delta F = \mathrm{div}(m\dot{u}), \mu\Delta\omega^{j,k} = \partial_k (m\dot{u}^j) - \partial_j (m\dot{u}^k), \tag{3.31}$$

以及

$$(\mu + \lambda)\Delta u^j = \partial_j F + (\mu + \lambda)\partial_k \omega^{j,k} + \partial_j (P(m,n) - P(\tilde{m},\tilde{n}))。 \tag{3.32}$$

结合能量估计可以得到。

引理 3.1 设 $(m,n,u)(x,t)$ 为问题式 (3.1)—(3.3)在 $[0,T]$ 的经典解,并且满足假设条件式(3.18)—(3.19),则对任意的常数 $p \in [2,6]$ 可得

$$\| u \|_{L^p} \leqslant C(\bar{m}) C_0^{\frac{6-p}{4p}} \| \nabla u \|_{L^2}^{\frac{3p-6}{2p}} + C_0^{\frac{6-p}{6p}} \| \nabla u \|_{L^2}, \tag{3.33}$$

$$\| \nabla F \|_{L^p} + \| \nabla \omega \|_{L^p} \leqslant C(\| m\dot{u} \|_{L^p} + \| \nabla u \|_{L^p}), \tag{3.34}$$

$$\| F \|_{L^p} + \| \omega \|_{L^p} \leqslant C \| m\dot{u} \|_{L^2}^{\frac{3p-6}{2p}} (\| \nabla u \|_{L^2} + \| P(m,n) - P(\tilde{m},\tilde{n}) \|_{L^2})^{\frac{6-p}{2p}},$$

$$+ C(\| \nabla u \|_{L^2} + \| P(m,n) - P(\tilde{m},\tilde{n}) \|_{L^2}^{\frac{6-p}{2p}} \| \nabla u \|_{L^2}^{\frac{3p-6}{2p}}) \tag{3.35}$$

$$\| \nabla u \|_{L^p} \leqslant C(\| F \|_{L^p} + \| \omega \|_{L^p}) + C \| P(m,n) - P(\tilde{m},\tilde{n}) \|_{L^p}, \tag{3.36}$$

$$\|\nabla u\|_{L^p} \leqslant C\|\nabla u\|_{L^2}^{\frac{6-p}{2p}}(\|m\dot{u}\|_{L^2}+\|\nabla u\|_{L^2})$$

$$+C(\|P(m,n)-P(\tilde{m},n)\|_{L^2}+\|P(m,n)-P(\tilde{m},n)\|_{L^6}^{\frac{3p-6}{2p}})$$

(3.37)

此外,对 $0 \leqslant t_1 \leqslant t_2 \leqslant T$ 以及任意的 $p \geqslant 2, r \geqslant 0$ 有

$$\int_{t_1}^{t_2}\int\sigma^r\,|P(m,n)-P(\tilde{m},\tilde{n})|^p dxds \leqslant C\left(\int_{t_1}^{t_2}\int\sigma^r\,|F|^p dxds + C_0\right),$$

(3.38)

证明:略。

引理 3.2 设 $(m,n,u)(x,t)$ 为问题式 (3.1)—(3.3)在 $[0,T]$ 的经典解,并且满足假设条件式(3.18)—(3.19),则成立

$$A_1(T)=\sup_{0<t\leqslant T}\sigma\int|\nabla u|^2dx+\int_0^T\int\sigma m|\dot{u}|^2dxdt$$

$$\leqslant CC_0+C\int_0^T\int\sigma|\nabla u|^3dxdt+C\int_0^T\int\sigma(|u|^2|\nabla u|+|u||\nabla u|^2)\,dxdt,\quad(3.39)$$

和

$$A_2(T)=\sup_{0<t\leqslant T}\sigma^3\int m|\dot{u}|^2dx+\int_0^T\int\sigma^3|\nabla u|^2dxdt$$

$$\leqslant CC_0+CA_1(T)+C\int_0^T\int\sigma^3(|u|^4+|\nabla u|^4+|\dot{u}||\nabla u||u|+|\dot{u}||\nabla u|^2)\,dxdt。$$

(3.40)

证明:式 $(3.1)_3$ 两边同时乘以 $\sigma\dot{u}$, 并在 Ω 上积分,可得

$$\int\sigma m\,|u|^2dx=\int(-\sigma\dot{u}\cdot\nabla P+\mu\sigma\Delta u\cdot\dot{u}+(\lambda+\mu)\sigma\,\nabla\mathrm{div}u\cdot\dot{u})\,dx=\sum_{i=1}^3 J_i。$$

(3.41)

利用分部积分、式 $(3.1)_1$、式$(3.1)_2$ 以及柯西不等式,可以得到:

$$J_1=\int-\sigma\dot{u}\cdot\nabla Pdx$$

$$=\left(\int\sigma\mathrm{div}u(P(m,n)-P(\tilde{m},\tilde{n}))\,dx\right)_t$$

$$-\int\{\sigma'\mathrm{div}(P(m,n)-P(\tilde{m},\tilde{n}))+\sigma P\,(m,n)_t\mathrm{div}u+\sigma(u\cdot\nabla u)\cdot\nabla P\}\,dx$$

$$= \left(\int \sigma \operatorname{div} u(P(m,n) - P(\tilde{m},\tilde{n}))\, dx \right)_t - \int \sigma' \operatorname{div} u(P(m,n) - P(\tilde{m},\tilde{n}))\, dx$$

$$+ \int \sigma \{ (mP_m + nP_n)(\operatorname{div})^2 - P(m,n)(\operatorname{div})^2 + P(m,n)\partial_i u^j \partial_j u^i \}\, dx$$

$$\leqslant \left(\int \sigma \operatorname{div} u(P(m,n) - P(\tilde{m},\tilde{n}))\, dx \right)_t + C \| \nabla u \|_{L^2}^2 + C\sigma' C_0, \qquad (3.42)$$

利用边界条件式（3.3），注意到外法线方向向量 $N = (N^1, N^2, N^3) = (0,0,-1)$，可得

$$J_2 = \mu\sigma \int \Delta u \cdot \dot{u} dx = \mu\sigma \int \Delta u \cdot (u_t + u \cdot \nabla u)\, dx$$

$$= -\frac{\mu}{2} \left(\int \sigma \ |\nabla u|^2 dx \right)_t + \frac{\mu}{2} \int \sigma' \ |\nabla u|^2 dx - \mu\sigma \int \partial_i u^j \partial_i u^k \partial_k u^j dx$$

$$+ \frac{\mu}{2} \int \sigma \partial_k u^k (\partial_i u^j)^2 dx + \mu\sigma \int_{\partial\Omega} \partial_i u^j \dot{u}^j N^i dS_x$$

$$= -\frac{\mu}{2} \left(\int \sigma \ |\nabla u|^2 dx \right)_t + \frac{\mu}{2} \int \sigma' \ |\nabla u|^2 dx - \mu\sigma \int \partial_i u^j \partial_i u^k \partial_k u^j dx$$

$$- \frac{\mu}{2} \int \sigma \partial_k u^k (\partial_i u^j)^2 dx - \frac{\mu}{2} \left(\sigma \int_{\partial\Omega} \beta^{-1} \ |u|^2 dS_x \right)_t - \mu\sigma \int_{\partial\Omega} \beta^{-1} u^j u^i u^j_i dS_x$$

$$+ \frac{\mu}{2} \sigma' \int_{\partial\Omega} \beta^{-1} \ |u|^2 dS_x$$

$$= -\frac{\mu}{2} \left(\int \sigma \ |\nabla u|^2 dx \right)_t + \frac{\mu}{2} \int \sigma' |\nabla u|^2 dx - \mu\sigma \int \partial_i u^j \partial_i u^k \partial_k u^j dx$$

$$+ \frac{\mu}{2} \int \sigma \partial_k u^k (\partial_i u^j)^2 dx - \frac{\mu}{2} \left(\sigma \int_{\partial\Omega} \beta^{-1} \ |u|^2 dS_x \right)_t + J_2^1 + J_2^2 。 \qquad (3.43)$$

下面估计 J_2^1 和 J_2^2 项，事实上，对函数 $h \in (C^1 \cap W^{1,1})(\overline{\Omega})$ 有

$$\int_{\partial\Omega} h(x)\, dS = \int_{\Omega \cap \{0 \leqslant x_3 \leqslant 1\}} [h(x) + (x_3 - 1) h_{x_3}(x)]\, dx, \qquad (3.44)$$

这里，$j,k \in \{1,2\}$。利用式（3.44）以及分部积分，可得

$$J_2^1 = -\mu\sigma \int_{\partial\Omega} \beta^{-1} u^j u^i u^j_i dS_x$$

$$= -\mu\sigma \int_{\Omega \cap \{0 \leqslant x_3 \leqslant 1\}} \beta^{-1} [u^j u^i u^j_i + (x_3 - 1)(u^j u^i u^j_i)_{x_3}]\, dx$$

$$= -\mu\sigma \int_{\Omega \cap \{0 \leqslant x_3 \leqslant 1\}} \beta^{-1} [u^j u^i u^j_i + (x_3 - 1)(u^j_{x_3} u^i u^j_i + u^j u^i_{x_3} u^j_i)]\, dx$$

$$+\mu\sigma\int_{\Omega\cap\{0\leqslant x_3\leqslant 1\}}\beta^{-1}(x_3-1)(u_i^j u^i u_{x_3}^j+u^j u_i^i u_{x_3}^j)dx$$

$$\leqslant C\sigma\int_{\Omega}(|u|^2|\nabla u|+|u||\nabla u|^2)\,dx, \tag{3.45}$$

$$J_2^2=\frac{\mu}{2}\sigma'\int_{\partial\Omega}\beta^{-1}\ |u|^2dS_x$$

$$=\frac{\mu}{2}\sigma'\int_{\Omega\cap\{0\leqslant x_3\leqslant 1\}}\beta^{-1}[\,|u|^2+2(x_3-1)u\cdot u_{x_3}]\,dx$$

$$\leqslant C\sigma'\int|u|^2dx+C\ \|\nabla u\|_{L^2}^2\leqslant C\sigma'\left(C_0+C_0^{\frac{2}{3}}\int|\nabla u|^2\right)+C\ \|\nabla u\|_{L^2}^2$$

$$\leqslant CC_0\sigma'+C\ \|\nabla u\|_{L^2}^2。 \tag{3.46}$$

这里用到了式(3.34)，J_2 有如下估计：

$$J_2\leqslant-\frac{\mu}{2}\left(\int\sigma\ |\nabla u|^2dx+\sigma\int_{\partial\Omega}\beta^{-1}\ |u|^2dS_x\right)_t+C\ \|\nabla u\|_{L^2}^2$$

$$+C\sigma\int|\nabla u|^3dx+C\sigma\int_{\Omega}(|u|^2|\nabla u|+|u||\nabla u|^2)\,dx+CC_0\sigma'。 \tag{3.47}$$

类似地，可得

$$J_3=(\lambda+\mu)\int\sigma\,\nabla(\mathrm{div}u)\cdot\dot{u}dx$$

$$\leqslant-\frac{(\lambda+\mu)}{2}\left(\int\sigma\,|\mathrm{div}u|^2dx\right)_t+C\ \|\nabla u\|_{L^2}^2+\int\sigma\ |\nabla u|^3dx, \tag{3.48}$$

结合式 (3.43)—(3.48) 对所得不等式在 $[0,T]$ 区间积分，并利用 Young 不等式可得

$$\sup_{0\leqslant t\leqslant T}\sigma\ \|\nabla u\|_{L^2}^2+\int_0^T\int\sigma m\ |\dot{u}|^2dxdt+\int_0^T\int\sigma\ |\mathrm{div}u|^2dxdt+\int_0^T\int_{\partial\Omega}\sigma\beta^{-1}\ |u|^2dS_xdt$$

$$\leqslant CC_0+C\int_0^T\int\sigma\ |\nabla u|^3dxdt+C\int_0^T\int\sigma(\,|u|^2|\nabla u|+|\nabla u|^2|u|)\,dxdt。 \tag{3.49}$$

方程 $(3.1)_3^j$ 作用算子 $\sigma^3\dot{u}^j\left(\frac{\partial}{\partial t}+\mathrm{div}(u\ \cdot)\right)$，对 j 做连加，将所得方程在 Ω 上积分，可得

$$\left(\frac{\sigma^3}{2}\int m\ |u|^2dx\right)_t = \frac{3}{2}\int\sigma^2\sigma_t m\ |\dot{u}|^2dx + \mu\sigma^3\int\dot{u}^j[\Delta u_t^j + \mathrm{div}(u\Delta u^j)]\ dx$$

$$-\sigma^3\int\dot{u}^j[\partial_j P + \mathrm{div}(\partial_j Pu)]\ dx$$

$$+(\lambda+\mu)\sigma^3\int\dot{u}^j[\partial_t\partial_j\mathrm{div}u + \mathrm{div}(u\partial_j\mathrm{div}u)]\ dx$$

$$=\sum_{i=1}^{4}H_i。\tag{3.50}$$

再次利用分部积分和 Young 不等式,可得

$$H_2 = \mu\int\sigma^3\dot{u}^j[\Delta u_t^j + \mathrm{div}(u\Delta u^j)]\ dx$$

$$= -\mu\int\sigma^3[\ |\nabla\dot{u}|^2 + \partial_i\dot{u}^j\partial_k u^k\partial_i u^j - \partial_i\dot{u}^j\partial_i u^k\partial_k u^j - \partial_i u^j\partial_i u^k\partial_k\dot{u}^j]\ dx$$

$$-\mu\int_{\partial\Omega}\sigma^3\beta^{-1}\ |\dot{u}|^2dS_x + \mu\int_{\partial\Omega}\sigma^3\dot{u}^j u_k^j u^k dS_x - \mu\int_{\partial\Omega}\sigma^3\partial_k\dot{u}^j u^k\partial_3 u^j dS_x$$

$$\leqslant -\frac{\mu}{2}\int\sigma^3\ |\nabla\dot{u}|^2dx + C\int\sigma^3\ |\nabla u|^4dx - \mu\int_{\partial\Omega}\sigma^3\beta^{-1}\ |\dot{u}|^2dS_x$$

$$+ C\mu\int\sigma^3[\ |u||\nabla u||\dot{u}| + |u||\nabla u||\nabla\dot{u}| + |\nabla u|^2|\dot{u}|]\ dx$$

$$\leqslant -\frac{\mu}{4}\int\sigma^3\ |\nabla\dot{u}|^2dx + C\int\sigma^3\ |\nabla u|^4dx - \mu\int_{\partial\Omega}\sigma^3\beta^{-1}|\dot{u}|dS_x$$

$$+ C\int\sigma^3(\ |\nabla u|^4 + |u|^4)\ dx + C\mu\int\sigma^3[\ |u||\nabla u||\dot{u}| + |\nabla u|^2|\dot{u}|]\ dx。\tag{3.51}$$

这里用到:

$$\int_{\partial\Omega}\sigma^3\beta^{-1}\dot{u}^j u_k^j u^k\partial_3 u^j dS_x \leqslant C\int_\Omega\sigma^3|\nabla u||u||\nabla\dot{u}|dx\tag{3.52}$$

和

$$\int_{\partial\Omega}\sigma^3\partial_k\dot{u}^j u^k dS_x \leqslant C\int_\Omega\sigma^3[\ |u||\nabla u||\dot{u}| + |u||\nabla u||\nabla\dot{u}| + |\nabla u|^2|\dot{u}|]\ dx。\tag{3.53}$$

由式 $(3.1)_1$ 和式 $(3.1)_2$ 可得

$$H_3 = -\int\sigma^3\dot{u}^j[\partial_j P_t + \mathrm{div}(\partial_j Pu)]\ dx$$

$$= -\int\sigma^3[P_m(m\mathrm{div}u + u\cdot\nabla m)\partial_j\dot{u}^j + P_n(n\mathrm{div}u + u\cdot\nabla n)\partial_j\dot{u}^j]dx$$

$$-\int\sigma^3P(m,n)\partial_j(\partial_k\dot{u}^ju^k)dx$$

$$= \int\sigma^3[-P_m m\mathrm{div}u\partial_j\dot{u}^j - P_n n\mathrm{div}u\partial_j\dot{u}^j + \partial_k(\partial_j\dot{u}^ju^k)P - P(\partial_j(\partial_k\dot{u}^ju^k))]dx$$

$$= \int\sigma^3[-P_m m\mathrm{div}u\partial_j\dot{u}^j - P_n n\mathrm{div}\partial_j\dot{u}^j + \partial_j\dot{u}^j\mathrm{div}uP - \partial_k\dot{u}^j\partial_ju^kP]dx$$

$$\leqslant C\int\sigma^3|\nabla u||\nabla\dot{u}|dx \leqslant \frac{\mu}{8}\int\sigma^3|\nabla\dot{u}|^2dx + C\int\sigma^3|\nabla u|^2dx。\tag{3.54}$$

类似可得

$$H_4 \leqslant -\frac{\lambda+\mu}{2}\int\sigma|\mathrm{div}\dot{u}|^2dx + C\int\sigma|\nabla u|^4dx。\tag{3.55}$$

结合式 (3.50)—(3.55) 并在 $(0,T)$ 上积分,注意到 $\int_0^T\int\sigma' m|\dot{u}|^2dxdt \leqslant \int m|\dot{u}|^2dx \leqslant A_1(T)$ 可得式 (3.40) 成立,这样就完成了引理 3.2 的证明。

接下来的引理估计在式 (3.39) 和式 (3.40) 右端出现的高阶项的一致有界估计。

引理 3.3 设 $(m,n,u)(x,t)$ 为问题式(3.1)—(3.3)在 $[0,T]$ 的经典解,并且满足假设条件式(3.18)—(3.19),则存在正的常数 T_1 成立。

$$\sup_{t\in[0,T_1\wedge T]}\int|\nabla u|^2dx + \int_0^{T_1\wedge T}\int m|\dot{u}|^2dxdt \leqslant C(1+M)\tag{3.56}$$

证明:事实上,式 $(3.1)_3$ 两边同时乘以 $\dot{u}$,对所得等式在 $\Omega\times[0,t]$ 积分可得

$$\int_0^t\int m|\dot{u}|^2dxds =$$

$$\int_0^t\int\{-\dot{u}\cdot\nabla P(m,n) + \mu\Delta u\cdot u + (\lambda+\mu)\nabla(\mathrm{div}u)\cdot\dot{u}\}dxds。$$

类似证明式 (3.39) 的方法可得

$$\int|\nabla u|^2dx + \int_0^t\int m|\dot{u}|^2dxds$$

$$\leqslant C(C_0+M) + C\int_0^t\int|\nabla u|^3dxds + \int_0^t\int(|u|^2|\nabla u| + |u||\nabla u|^2)dxds。$$

利用式（3.18）、式（3.19）、式（3.24）、式（3.34）—（3.38）以及 Young 不等式和 Hölder 不等式可得

$$\int_0^t\int |\nabla u|^3 dxds$$

$$\leqslant C\int_0^t\int(|F|^3+|\omega|^3)\,dxds+C\int_0^t\int[P(m,n)-P(\tilde{m},\tilde{n})]^3dxds$$

$$\leqslant C\int_0^t(\|F\|_{L^2}^{\frac{3}{2}}\|\nabla F\|_{L^2}^{\frac{3}{2}}+\|\omega\|_{L^2}^{\frac{3}{2}}\|\nabla\omega\|_{L^2}^{\frac{3}{2}})\,ds+CC_0$$

$$\leqslant C\int_0^t(\|\nabla u\|_{L^2}+\|P(m,n)-P(\tilde{m},\tilde{n})\|_{L^2})^{\frac{3}{2}}(\|m\dot{u}\|_{L^2}+\|\nabla u\|_{L^2})^{\frac{3}{2}}ds$$

$$+CC_0$$

$$\leqslant\frac{1}{4}\int_0^t\int m|\dot{u}|^2dxds+C\int_0^t\|\nabla u\|_{L^2}^6ds+CC_0, \tag{3.57}$$

和

$$\int_0^t\int(|u|^2|\nabla u|+|u||\nabla u|^2)\,dxds$$

$$\leqslant C\int_0^t\int(|\nabla u|^2+|u|^4)\,dxds+C\int_0^t\|\nabla u\|_{L^3}\|\nabla u\|_{L^2}^2ds$$

$$\leqslant C\int_0^T[C_0^{\frac{1}{2}}\|\nabla u\|_{L^2}^3+C_0^{\frac{1}{3}}\|\nabla u\|_{L^2}^4]\,ds+C\int_0^t(\|\nabla u\|_{L^3}^3+\|\nabla u\|_{L^2}^3)\,ds$$

$$\leqslant\frac{1}{4}\int_0^t\int m\dot{u}dxds+C\int_0^t(\|\nabla u\|_{L^2}^3+\|\nabla u\|_{L^2}^4+\|\nabla u\|_{L^2}^6)\,ds+CC_0,$$

$$\tag{3.58}$$

这样就可以得到：

$$\int|\nabla u|^2dx+\int_0^t\int m|\dot{u}|^2dxds$$

$$\leqslant C(1+M)+Ct(1+\sup_{s\in[0,t]}\|\nabla u(\cdot,t)\|_{L^2}^6)$$

$$\leqslant C(1+M)+Ct\sup_{s\in[0,t]}\|\nabla u(\cdot,t)\|_{L^2}^6\leqslant C(1+M),$$

这时取 $T_1=\min\left\{1,\dfrac{1}{8C^3(1+M)^2}\right\}$ 就可以得到式（3.56）。

命题 3.2 设 (m,n,u) 是问题式（3.1）—（3.3）在 $[0,T]$ 的经典解，则存在正常数 C 使得当 $C_0\leqslant\varepsilon_1$ 时有如下估计成立：

$$A_1(T)+A_2(T)\leqslant C_0^{\frac{1}{2}}。\tag{3.59}$$

证明:由引理3.2可得

$$\begin{aligned}A_1(T)+A_2(T)\leqslant & CC_0+C\int_0^T\int\sigma^3|\nabla u|^4dxdt+C\int_0^T\int\sigma|\nabla u|^3dxdt\\&+C\int_0^T\sigma^3\|u\|_{L^4}^4dt+C\int_0^T\int\sigma^3[|u||\nabla u||\dot{u}|+|\nabla u|^2|\dot{u}|]dxdt\\&+C\int_0^T\int\sigma(|\nabla u||u|^2+|\nabla u||u|)dxdt。\end{aligned}\tag{3.60}$$

接下来估计不等式(3.60)右端出现的项。利用式(3.36),可以得到

$$\int_0^T\int\sigma^3|\nabla u|^4dxdt\leqslant C\int_0^T\int\sigma^3[|F|^4+|\omega|^4+|P(m,n)-P(\tilde{m},\tilde{n})|^4]dxdt。\tag{3.61}$$

利用式(3.18)—(3.19)、式(3.24)和式(3.35)—(3.37),可得

$$\begin{aligned}&\int_0^T\int\sigma^3(|F|^4+|\omega|^4)dxdt\\\leqslant & C\int_0^T\sigma^3(\|\nabla u\|_{L^2}+\|P(m,n)-P(\tilde{m},\tilde{n})\|_{L^2})\|m\dot{u}\|_{L^2}^3dt\\&+C\int_0^T\sigma^3\|\nabla u\|_{L^2}^4dt+C\int_0^T\sigma^3\|P(m,n)-P(\tilde{m},\tilde{n})\|_{L^2}\|\nabla u\|_{L^2}^3dt\\\leqslant & C\sup_{0<t\leqslant T}[\sigma^{\frac{3}{2}}\|\sqrt{m}\dot{u}\|_{L^2}(\sigma^{\frac{1}{2}}\|\nabla u\|_{L^2}+C_0^{\frac{1}{2}})]\int_0^T\int\sigma m|\dot{u}|^2dxdt\\&+CC_0^{\frac{3}{2}}\sup_{0<t\leqslant T}(\sigma^{\frac{1}{2}}\|\nabla u\|_{L^2})+CC_0\sup_{0<t\leqslant T}(\sigma\|\nabla u\|_{L^2}^2)\\\leqslant & C(A_1^{\frac{1}{2}}(T)+C_0^{\frac{1}{2}})A_2^{\frac{1}{2}}(T)A_1(T)+CC_0^{\frac{3}{2}}A_1(T)+CC_0^{\frac{3}{2}}A_1(T)^{\frac{1}{2}}+CC_0A_1(T)\\\leqslant & CC_0。\end{aligned}\tag{3.62}$$

利用式(3.38)和式(3.62),可得

$$\int_0^T\int\sigma^3|P(m,n)-P(\tilde{m},\tilde{n})|^4ds\leqslant C\left(\int_0^T\int\sigma^3|F|^4dxds+C_0\right)\leqslant CC_0。\tag{3.63}$$

注意到

$$\int_0^T\int\sigma|\nabla u|^3dxds=\int_0^{T_1\wedge T}\int\sigma|\nabla u|^3dxds+\int_{T_1\wedge T}^T\int\sigma|\nabla u|^3dxds。\tag{3.64}$$

利用 Young 不等式,式(3. 24) 和式 (3. 61)—(3. 62), 可以得到:

$$\int_{T_1\wedge T}^{T}\int\sigma\ |\nabla u|^3dxds\leqslant\int_{T_1\wedge T}^{T}\int\sigma(\ |\nabla u|^4+|\nabla u|^2)\ dxds$$

$$\leqslant C\int_{T_1\wedge T}^{T}\int\sigma^3\ |\nabla u|^4dxds+\int_{T_1\wedge T}^{T}\int\ |\nabla u|^2dxds$$

$$\leqslant CC_0,\tag{3.65}$$

由式 (3. 24)、式(3. 37) 和引理 3. 3 可得

$$\int_0^{T_1\wedge T}\sigma\ \|\nabla u\|_{L^3}^3dt$$

$$\leqslant C\int_0^{T_1\wedge T}\sigma\ \|\nabla u\|_{L^2}^{\frac{3}{2}}(\ \|m\dot{u}\|_{L^2}^{\frac{3}{2}}+\ \|\nabla u\|_{L^2}^{\frac{3}{2}}+C_0^{\frac{1}{4}}+C_0^{\frac{3}{4}})\ dt$$

$$\leqslant C\int_0^{T_1\wedge T}(\sigma^{\frac{1}{4}}\ \|\nabla u\|_{L^2}^{\frac{3}{2}})\left(\sigma\int m\ |\dot{u}|^2dx\right)^{\frac{3}{4}}dt+C\int_0^{T_1\wedge T}\sigma\ \|\nabla u\|_{L^2}^3ds+CC_0$$

$$\leqslant C\sup_{t\in(0,T_1\wedge T]}((\sigma\ \|\nabla u\|_{L^2}^2)^{\frac{1}{4}}\ \|\nabla u\|_{L^2}^{\frac{1}{2}})\int_0^{T_1\wedge T}\ \|\nabla u\|_{L^2}^{\frac{1}{2}}\left(\sigma\int m\ |\dot{u}|^2dx\right)^{\frac{3}{4}}dt$$

$$+\sup_{t\in(0,T\wedge T_1]}(\sigma\ \|\nabla u\|_{L^2}^2)^{\frac{1}{2}}\int_0^{T_1\wedge T}\sigma^{\frac{1}{2}}\ \|\nabla u\|_{L^2}^2dt+CC_0$$

$$\leqslant CA_1(T)C_0^{\frac{1}{4}}+CC_0\leqslant CC_0^{\frac{3}{4}}。\tag{3.66}$$

利用式 (3. 24)、式(3. 33)—(3. 37), 可得

$$\int_0^T\int\sigma^3\ |u|^4dxdt\leqslant C\int_0^T\sigma^3(C_0^{\frac{1}{2}}\ \|\nabla u\|_{L^2}^3+C_0^{\frac{1}{3}}\ \|\nabla u\|_{L^2}^4)\ dt\leqslant CC_0,\tag{3.67}$$

$$\int_0^T\int\sigma(\ |\nabla u|\,|u|^2+|\nabla u|^2\,|u|)\ dx$$

$$\leqslant C\int_0^T\int\ |\nabla u|^2dxdt+\int_0^T\int\sigma^2\ |u|^4dxdt+\int_0^T\sigma\ \|\nabla u\|_{L^3}\ \|\nabla u\|_{L^2}^2dt$$

$$\leqslant C\int_0^T\int\ |\nabla u|^2dxdt+\int_0^T\int\sigma^2\ |u|^4dxdt+C\int\sigma(\ \|\nabla u\|_{L^3}^3+\ \|\nabla u\|_{L^2}^3)\ dt$$

$$\leqslant CC_0^{\frac{3}{4}},\tag{3.68}$$

和

$$\int_0^T\int\sigma(\ |u|\,|\nabla u|\,|\dot{u}|+|\nabla u|^2\,|\dot{u}|)\ dxdt$$

$$\leqslant \int_0^T \sigma^3 \|u\|_{L^3} \|\nabla u\|_{L^2} \|\nabla \dot{u}\|_{L^2} dt + C\int_0^T \sigma^3 \|\nabla u\|_{L^3} \|\nabla u\|_{L^2} \|\nabla \dot{u}\|_{L^2} dt$$

$$\leqslant C\int_0^T \sigma^3 [C_0^{\frac{1}{4}} \|\nabla u\|_{L^2}^{\frac{1}{2}} + C_0^{\frac{1}{6}} \|\nabla u\|_{L^2}] \|\nabla u\|_{L^2} \|\nabla \dot{u}\|_{L^2} dt$$

$$+ C\int_0^T \sigma^3 \|\nabla u\|_{L^3} \|\nabla u\|_{L^2} \|\nabla \dot{u}\|_{L^2} dt$$

$$\leqslant CC_0^{\frac{1}{4}} \int_0^T \sigma^3 \|\nabla u\|_{L^2}^{\frac{3}{2}} \|\nabla \dot{u}\|_{L^2} dt + CC_0^{\frac{1}{6}} \int_0^T \sigma^3 \|\nabla u\|_{L^2}^2 \|\nabla \dot{u}\|_{L^2} dt$$

$$+ C\int_0^T \sigma^3 \|\nabla u\|_{L^3} \|\nabla u\|_{L^2} \|\nabla \dot{u}\|_{L^2} dt$$

$$\leqslant CC_0^{\frac{3}{4}}, \tag{3.69}$$

这里用到了下面的估计：

$$\int_0^T \sigma^3 \|\nabla u\|_{L^3} \|\nabla u\|_{L^2} \|\nabla \dot{u}\|_{L^2} dt$$

$$\leqslant C\int_0^T \sigma^3 \|\nabla u\|_{L^3}^3 ds + C\int_0^T \sigma^3 \|\nabla u\|_{L^2} \|\nabla u\|_{L^2}^{\frac{1}{2}} \|\nabla \dot{u}\|_{L^2}^{\frac{3}{2}} ds$$

$$\leqslant CC_0^{\frac{3}{4}} + CA_1(T)^{\frac{1}{2}} \left(\int_0^T \sigma \|\nabla u\|_{L^2}^2\right)^{\frac{1}{4}} \left(\int_0^T \sigma^3 \|\nabla u\|_{L^2}^2 ds\right)^{\frac{3}{4}} \leqslant CC_0^{\frac{3}{4}}, \tag{3.70}$$

再结合式（3.60）—（3.69），令 $\varepsilon \leqslant C(\bar{m},M)^{-4}$，可得

$$A_1(T) + A_2(T) \leqslant CC_0^{\frac{3}{4}} \leqslant C_0^{\frac{1}{2}}。 \tag{3.71}$$

这样就完成了对命题 3.2 的证明。

由命题 3.2 可得到如下推论。

推论 3.1 设 (m,n,u) 是问题式（3.1）—（3.3）在 $[0,T]$ 的经典解，则存在正常数 C 使得当 $C_0 \leqslant \varepsilon_1$ 时有如下估计成立：

$$\sup_{0<t\leqslant T} \|\nabla u\|_{L^2}^2 + \int_0^T\int m|\dot{u}|^2 dxdt \leqslant C(\bar{m},M) \tag{3.72}$$

$$\sup_{0<t\leqslant T}\int \sigma m|\dot{u}|^2 dx + \int_0^T\int \sigma|\nabla \dot{u}|^2 dxdt \leqslant C(\bar{m},M) \tag{3.73}$$

证明：由引理 3.3 和命题 3.2 可以得到式（3.72）。

下面证明式(3.73)。对式 $(3.1)_3$ 作用算子 $\sigma\dot{u}\left(\frac{\partial}{\partial t} + \mathrm{div}(u\cdot)\right)$，对所

得的等式在 $\Omega\times[0,T]$ 利用分部积分、式(3.1)$_1$、式(3.1)$_2$、Young 不等式、式(3.24)、式(3.37) 和式 (3.72)，可得

$$\begin{aligned}
&\sup_{0<t\leqslant T}\int\sigma m\,|\dot u|^2dx+\int_0^T\int\sigma\,|\nabla\dot u|^2dxdt\\
\leqslant&\int_0^T\int\sigma_t m\,|\dot u|^2dxdt+C\int_0^T\int\sigma\,|\nabla u|^4dxdt+C(\bar m)C_0\\
&+C\int_0^T\int\sigma\,|u|^4dx+C\int_0^T\int\sigma(\,|u|\,|\nabla u|\,|\dot u|+|\nabla u|^2|\dot u|)\,dxdt\\
\leqslant&\int_0^{\sigma(T)}\int m\,|\dot u|^2dxdt+C\int_{T_1\wedge T}^T\int\sigma\,|\nabla u|^4dxdt+C\int_0^{T_1\wedge T}\int\sigma\,|\nabla u|^4dxdt\\
&+C\int_0^T\int\sigma^3\,|u|^4dx+C\int_0^T\int\sigma(\,|u|\,|\nabla u|\,|\dot u|+|\nabla u|^2|\dot u|)\,dxdt+C(\bar m)C_0\\
\leqslant&\,C(\bar m,M)+C\int_{T_1\wedge T}^T\int\sigma^3\,|\nabla u|^4dxdt+C\int_0^{T_1\wedge T}\int\sigma\,|\nabla u|^4dxdt\\
&+\int_0^T\int\sigma(\,|u|\,|\nabla u|\,|\dot u|+|\nabla u|^2|\dot u|)\,dxdt\\
\leqslant&\,C(\bar m,M)+C\int_0^{T_1\wedge T}\int\sigma\,\|\nabla u\|_{L^2}(\,\|m\dot u\|_{L^2}^3+\|P(m,n)-P(\tilde m,\tilde n)\|_{L^6}^3\\
&+\|\nabla u\|_{L^2}^3+\|P(m,n)-P(\tilde m,\tilde n)\|_{L^2}^3)\,dt\\
&+\int_0^T\int\sigma(\,|u|\,|\nabla u|\,|\dot u|+|\nabla u|^2|\dot u|)\,dxdt\\
\leqslant&\,C(\bar m,M)+C(\bar m)\sup_{t\in(0,T_1\wedge T]}[(\sigma^{\frac12}\,\|\nabla u\|_{L^2})(\sigma^{\frac12}\,\|m\dot u\|_{L^2})]\\
&\int_0^{T_1\wedge T}\|m\dot u\|_{L^2}^2dt+\sup_{t\in(0,T)}(\sigma\,\|\nabla u\|_{L^2}^2)\int_0^{T_1\wedge T}\|\nabla u\|_{L^2}^2dt\\
&+\frac12\int_0^T\sigma\,\|\nabla\dot u\|_{L^2}^2dt\\
\leqslant&\,C(\bar m,M)+C(\bar m,M)\sup_{t\in(0,T]}\sigma^{\frac12}\int_0^T\sigma\,\|\nabla\dot u\|_{L^2}^2dt,
\end{aligned}\tag{3.74}$$

这就完成了对推论 3.1 的证明。

命题 3.3 设 (m,n,u) 是问题 (3.1)—(3.3) 在 $[0,T]$ 的经典解，则存在正常数 C 使得当 $C_0\leqslant\varepsilon$ 时有如下估计成立：

$$\sup_{0\leqslant t\leqslant T}\|m(t)\|_{L^\infty}\leqslant\frac{7\bar m}{4},\ \sup_{0\leqslant t\leqslant T}\|n(t)\|_{L^\infty}\leqslant\frac{7\bar m}{4}\frac{\tilde n}{\tilde m},\ (x,t)\in\Omega\times[0,T],\tag{3.75}$$

证明:质量守恒方程 $(3.1)_1$ 可以变形为

$$D_t m = g(m) + b'(t),$$

其中,

$$D_t m \equiv m_t + u\cdot\nabla m, g(m) := -\frac{m}{2\mu+\lambda}(P(m,n) - P(\tilde m,\tilde n)),$$

$$b(t) := -\frac{1}{2\mu+\lambda}\int_0^t mF dt。$$

令 $t\in[0,\sigma(T)]$,利用引理 1.1、式(3.24)、式(3.34) 和式 (3.35),对任意的 $0\leqslant t_1\leqslant t_2\leqslant\sigma(T)$,令 $C_0\leqslant\varepsilon_1$,可得

$$
\begin{aligned}
&|b(t_2)-b(t_1)|\\
&\leqslant C(\bar m)\int_{t_1}^{t_2}\|F(\cdot,t)\|_{L^\infty}dt\\
&\leqslant C(\bar m)\int_0^{\sigma(T)}\|F(\cdot,t)\|_{L^2}^{\frac14}\|\nabla F(\cdot,t)\|_{L^6}^{\frac34}dt\\
&\leqslant C(\bar m)\int_0^{\sigma(T)}(\|\nabla u\|_{L^2}^{\frac14}+\|P(m,n)-P(\tilde m,\tilde n)\|_{L^2}^{\frac14})\\
&\quad(\|\nabla\dot u\|_{L^2}^{\frac34}+\|m\dot u\|_{L^2}^{\frac34}+\|\nabla u\|_{L^2}^{\frac34}+\|P(m,n)-P(\tilde m,\tilde n)\|_{L^2}^{\frac34}+\|P(m,n)-P(\tilde m,\tilde n)\|_{L^6}^{\frac34})\,dt\\
&\leqslant C(\bar m)\int_0^{\sigma(T)}(\sigma^{-\frac12}(\sigma^{\frac12}\|\nabla u\|_{L^2})^{\frac14}+C^{\frac18}\sigma^{-\frac38})\,[(\sigma\|\nabla\dot u\|_{L^2}^2)^{\frac38}+((\sigma\|m\dot u\|_{L^2}^2)^{\frac38})]\,dt\\
&\quad+C(\bar m)\int_0^{\sigma(T)}(\sigma^{\frac12}\|\nabla u\|_{L^2})^{\frac14}\sigma^{-\frac18}(\|P(m,n)-P(\tilde m,\tilde n)\|_{L^2}^2)^{\frac38}dt+C(\bar m)C_0^{\frac12}\\
&\leqslant C(\bar m)C_0^{\frac1{16}}\left(1+\int_0^1\sigma^{-\frac45}dt\right)^{\frac58}\left[\left(\int_0^{\sigma(T)}\sigma\|\nabla\dot u\|_{L^2}^2dt\right)^{\frac38}+\left(\int_0^{\sigma(T)}\sigma\|m\dot u\|_{L^2}^2dt\right)^{\frac38}\right]\\
&\quad C(\bar m)C_0^{\frac1{16}}\left(\int_0^{\sigma(T)}\sigma^{-\frac15}dt\right)^{\frac58}\left(\int_0^{\sigma(T)}\|P(m,n)-P(\tilde m,\tilde n)\|_{L^2}^2dt\right)^{\frac38}+C(\bar m)C_0^{\frac12}\\
&\leqslant C(\bar m,M)C_0^{\frac1{16}},
\end{aligned}
$$

因此,对 $t\in[0,\sigma(T)]$,取 $N_1=0, N_0=C(\bar m,M)C_0^{\frac1{16}}$ 以及 $\bar\xi=2\tilde m$,则

$$
\begin{aligned}
g(\xi)&=-\frac{\xi}{2\mu+\lambda}(P(\xi,\xi s_0)-P(\tilde m,\tilde n))\\
&=-\frac{\xi}{2\mu+\lambda}(P(\xi,\xi s_0)-P(\xi,\tilde n)+P(\xi,\tilde n)-P(\tilde m,\tilde n))
\end{aligned}
$$

$$= -\frac{\xi}{2\mu+\lambda}(P_m(\tilde{m}+\theta_1(\xi-\tilde{m}),\tilde{n})(\xi-\tilde{m})$$

$$-P_n(\xi,\tilde{n}+(s_0\xi-\tilde{n})\theta_2)(s_0\xi-\tilde{n}))$$

$$:=-\frac{1}{2\mu+\lambda}z(\xi), \tag{3.76}$$

其中，$\theta_1,\theta_2\in(0,1)$ 为常数。由注 3.2 和式(3.13)可得当 $\xi\geqslant\bar{\xi}=2\tilde{m}$ 时有

$$z(\xi)\geqslant 2a_0C^0\xi(\underline{s}_0\xi-\tilde{n})\geqslant 4a_0C^0\tilde{m}(2\underline{s}_0\tilde{m}-\tilde{n})\geqslant 0,$$

再利用引理 1.2，可得

$$\sup_{t\in[0,\sigma(T)]}\|m\|_{L^\infty}\leqslant\max\{\bar{m},2\tilde{m}\}+C(\bar{m},M)C_0^{\frac{1}{16}}$$

$$\leqslant\bar{m}+C(\bar{m},M)C_0^{\frac{1}{16}}\leqslant\frac{3}{2}\bar{m} \tag{3.77}$$

其中，$\varepsilon_2=\left(\frac{}{2C(\bar{m},M)}\right)^{16}$，并且满足：

$$C_0\leqslant\min\{\varepsilon_1,\varepsilon_2\}。$$

当 $t\in[\sigma(T),T]$ 时，利用引理 1.1、命题 3.2、式(3.24)、式(3.34) 和式 (3.73)，可以得到：

$$|b(t_2)-b(t_1)|\leqslant C(\bar{m})\int_{t_1}^{t_2}\|F(\cdot,t)\|_{L^\infty}dt$$

$$\leqslant\frac{a_0C^0}{2\mu+\lambda}(t_2-t_1)+C(\bar{m})\int_{t_2}^{t_1}\|F(\cdot,t)\|_{L^\infty}^{\frac{8}{3}}dt$$

$$\leqslant\frac{a_0C^0}{2\mu+\lambda}(t_2-t_1)+C(\bar{m})\int_{t_2}^{t_1}\|F(\cdot,t)\|_{L^2}^{\frac{2}{3}}\|\nabla F(\cdot,t)\|_{L^2}^{2}dt$$

$$\leqslant\frac{a_0C^0}{2\mu+\lambda}(t_2-t_1)+C(\bar{m})\int_{t_2}^{t_1}(\|\nabla \dot{u}\|_{L^2}^{\frac{2}{3}}+\|P(m,n)-P(\tilde{m},\tilde{n})\|_{L^2}^{\frac{2}{3}})\,dt$$

$$(\|m\dot{u}\|_{L^6}^{2}+\|\nabla u\|_{L^2}^{2}+\|P(m,n)-P(\tilde{m},\tilde{n})\|_{L^6}^{2})\,dt$$

$$\leqslant\frac{a_0C^0}{2\mu+\lambda}(t_2-t_1)+C(\bar{m})C_0^{\frac{1}{6}}\int_{\sigma(T)}^{T}\|\nabla\dot{u}\|_{L^2}^{2}dt+C(\bar{m})C_0^{\frac{1}{6}}$$

$$+C(\bar{m})C_0^{\frac{1}{2}}(t_2-t_1)+C_0^{\frac{1}{6}}\int_{\sigma(T)}^{T}\|m\dot{u}\|_{L^2}^{2}dt$$

$$\leqslant\left(\frac{a_0C^0}{2\mu+\lambda}+C(\bar{m})C_0^{\frac{1}{2}}\right)(t_2-t_1)+C(\bar{m})C_0^{\frac{2}{3}}$$

$$\leqslant \frac{a_0 C^0}{2\mu + \lambda}(t_2 - t_1) + C(\bar{m}) C_0^{\frac{2}{3}},$$

这里取 $C_0 \leqslant \{\varepsilon_1, \varepsilon_2, \varepsilon_3\}$，其中 $\varepsilon_3 = \left(\frac{a_0 C^0}{C(\bar{m})\ (2\mu + \lambda)}\right)^2$。因此，对 $t \in [\sigma(T), T]$，取 $N_1 = \frac{2a_0 C^0}{2\mu + \lambda}$，$N_0 = C(\bar{m}) C_0^{\frac{2}{3}}$ 以及 $\bar{\xi} = (2 + \delta_1)\tilde{m}$。由注 3.2、式 (1.9) 和式 (3.13) 可得对任意的 $\xi \geqslant \bar{\xi} = (2 + \delta_1)\tilde{m}$

$$z(\xi) \geqslant 2a_0 C^0 (2 + \delta_1)\ \underline{s}_0 \tilde{m} - \tilde{n} \geqslant 2a_0 C^0 (2 + \delta_1) \tilde{m} \tilde{n} \frac{\delta_1}{2} \geqslant 2a_0 C^0$$

其中，$\delta_1 \in (0, 1]$ 为充分小的常数。再利用引理 1.3，可得

$$\sup_{t \in [\sigma(T), T]} \| m \|_{L^\infty}$$

$$\leqslant \max\left\{\frac{2}{3}\bar{m}, (2 + \delta_1)\tilde{m}\right\} + C(\bar{m}, \tilde{m}, \tilde{n}, C^0, a_0, \underline{s}_0, \mu, \lambda)\ C_0^{\frac{2}{3}}$$

$$\leqslant \frac{3}{2}\bar{m} + C(\bar{m}) C_0^{\frac{2}{3}} \leqslant \frac{7}{4}\bar{m}, \tag{3.78}$$

这里令

$$C_0 \leqslant \varepsilon := \min\{\varepsilon_1, \varepsilon_2, \varepsilon_3, \varepsilon_4\}, \quad \varepsilon_4 = \left(\frac{\bar{m}}{4C(\bar{m})}\right)^{\frac{3}{2}},$$

则可得到式 (3.77) 和式 (3.78)。这样就证明了命题 3.3。

在接下来的证明中，初始能量 $C_0 \leqslant \varepsilon$，常数 C 依赖于 T，$\| \sqrt{m} g \|_{L^2}$，$\| \nabla g \|_{L^2}$，$\| (m_0 - \tilde{m}, n_0 - \tilde{n}) \|_{H^3}$，$\| u_0 \|_{D^1 \cap D^3}$ 另外 $\mu \lambda \tilde{m} \tilde{n} \bar{m} a_0 C^0\ \underline{s}_0, M$ 其中 g 的定义如式 (3.11)。

最后，给出 (m, n, u) 的高阶估计。

命题 3.4 设 (m, n, u) 是问题式 (3.1)—(3.3) 在 $[0, T]$ 上的经典解，则有如下估计：

$$\sup_{0 < t \leqslant T} \int m\ |\dot{u}|^2 dx + \int_0^T \int |\nabla \dot{u}|^2 dx dt \leqslant C, \tag{3.79}$$

$$\sup_{0 < t \leqslant T} (\| \nabla m \|_{L^2 \cap L^6} + \| \nabla n \|_{L^2 \cap L^6} + \| \nabla u \|_{H^1}) + \int_0^T \| \nabla u \|_{L^\infty} dt \leqslant C, \tag{3.80}$$

证明：对方程 (3.1)$_3$ 作用算子 $\dot{u}\left(\frac{\partial}{\partial t}+\operatorname{div}(u\cdot)\right)$，在对所得到的等式在 $[0,T]$ 上积分，可得

$$\left(\frac{1}{2}\int m\ |\dot{u}|^2 dx\right)_t = -\int \dot{u}[\partial_j P_t + \operatorname{div}(\partial_j P u)]\,dx + \int \mu \dot{u}(\Delta u_t^j + \operatorname{div}(u\Delta u^j))\,dx$$

$$+\int(\lambda+\mu)\dot{u}^j\{\partial_j\partial_t(\operatorname{div}u)+\operatorname{div}[u\partial_j(\operatorname{div}u)]\}\,dx。$$

利用分部积分，由方程(3.1)$_1$、方程(3.1)$_2$ 和 Young 不等式可得

$$\left(\int m\ |\dot{u}|^2 dx\right)_t + \int |\nabla\dot{u}|^2 dx$$

$$\leqslant C(\|\nabla u\|_{L^4}^4 + \|\nabla u\|_{L^2}^2 + \|u\|_{L^4}^4) + C\int(|u||\nabla u||\dot{u}| + |\nabla u|^2|\dot{u}|)\,dx$$

$$\leqslant C\|\nabla u\|_{L^2}\|\nabla u\|_{L^6}^3 + C\|\nabla u\|_{L^2}^3 + C\int(|u||\nabla u||\dot{u}| + |\nabla u|^2|\dot{u}|)\,dx + C$$

$$\leqslant C(\|F\|_{L^6}^3 + \|\omega\|_{L^6}^3 + \|P(m,n)-P(\tilde{m},\tilde{n})\|_{L^6}^3) + \delta\|\nabla\dot{u}\|_{L^2}^3 + C\|\nabla u\|_{L^3}^3 + C$$

$$\leqslant C(\|\nabla F\|_{L^2}^3 + \|\nabla\omega\|_{L^2}^3) + \frac{1}{2}\|\nabla\dot{u}\|_{L^2}^2 + C\|\nabla u\|_{L^3}^3 + C$$

$$\leqslant C\|\sqrt{m}\dot{u}\|_{L^2}^4 + \frac{1}{2}\|\nabla\dot{u}\|_{L^2}^3 + C\|\nabla u\|_{L^3}^3 + C。$$

利用式 (3.37)，可得

$$\int_0^T \|\nabla u\|_{L^3}^3 ds \leqslant \int_0^{T\wedge T_1} \|\nabla u\|_{L^3}^3 + \int_{T\wedge T_1}^T \sigma^3 \|\nabla u\|_{L^3}^3 ds$$

$$\leqslant C + C\int_0^{T\wedge T_1} \|\nabla u\|_{L^2}^{\frac{3}{2}}(\|m\dot{u}\|_{L^2}^{\frac{3}{2}} + \|P(m,n)+P(\tilde{m},\tilde{n})\|_{L^2}^{\frac{3}{2}}$$

$$\|P(m,n)+P(\tilde{m},\tilde{n})\|_{L^6}^{\frac{3}{2}} + \|\nabla u\|_{L^2}^{\frac{3}{2}})\,ds$$

$$\leqslant C,$$

再结合相容性条件可定义：

$$\sqrt{m}\dot{u}\mid_{t=0} = -\sqrt{m_0}\,g。$$

利用 Gronwall 不等式可以得到式 (3.79)。

接下来证明式 (3.80)。对任意的 $p\in[2,6]$，方程 (3.1)$_1$ 两边对 x_i 进行微分，对所得的等式两边乘以 $p\ |\partial_i m|^{p-2}\partial_i m$，可得

$$(|\nabla m|^p)_t + \mathrm{div}(|\nabla m|^p u) + (p-1)|\nabla m|^p \mathrm{div}u$$
$$+ p|\nabla m|^{p-2}(\nabla m)^T \nabla u(\nabla m) + pm|\nabla m|^{p-2}\nabla m\cdot\nabla \mathrm{div}u = 0。\tag{3.81}$$

类似地,可得

$$(|\nabla n|^p)_t + \mathrm{div}(|\nabla n|^p u) + (p-1)|\nabla n|^p \mathrm{div}u$$
$$+ p|\nabla n|^{p-2}(\nabla n)^T \nabla u(\nabla n) + pn|\nabla n|^{p-2}\nabla n\cdot\nabla \mathrm{div}u = 0。\tag{3.82}$$

对如下问题利用标准的 L^p - 椭圆估计:

$$-\mu\Delta u - (\lambda+\mu)\nabla \mathrm{div}u = m\dot{u} + \nabla P, x\in\Omega$$
$$(u_1,u_2,u_3) = \beta(u^1_{x_3},u^2_{x_3},0), x\in\partial\Omega,\tag{3.83}$$

可以得到:

$$\|\nabla^2 u\|_{L^p} \leqslant C(\|m\dot{u}\|_{L^p} + \|\nabla P\|_{L^p}),\tag{3.84}$$

下面需要估计 $\|\nabla u\|_{L^\infty}$, 这也是估计 $\|(\nabla m,\nabla n)\|_{L^p}$ 的关键。根据 Duan 的方法[60],令 $w = u - v$, 其中 w 和 v 满足:

$$\begin{cases}-\mu\Delta v - (\lambda+\mu)\nabla \mathrm{div}v = -\nabla(P(m,n) - P(\tilde{m},\tilde{n})), & x\in\Omega,\\ (v^1(x),v^2(x),v^3(x)) = \beta(v^1_{x_3}(x),v^2_{x_3}(x),0), & x\in\partial\Omega, t>0,\end{cases}$$

则利用标准的椭圆正则性估计对 $q\in[2,\infty)$, 可得

$$\|\nabla v\|_{L^q} \leqslant C(\|P(m,n) - P(\tilde{m},\tilde{n})\|_{L^q}),$$
$$\|\nabla^2 v\|_{L^q} \leqslant C(\|P(m,n) - P(\tilde{m},\tilde{n})\|_{L^q}),\tag{3.85}$$

其中, w 满足:

$$\begin{cases}-\mu\Delta w - (\lambda+\mu)\nabla \mathrm{div}w = m\dot{u}, & x\in\Omega,\\ (w^1(x),w^2(x),w^3(x)) = \beta(w^1_{x_3}(x),w^2_{x_3}(x),0), & x\in\partial\Omega, t>0,\end{cases}$$

类似地,对 $q\in(1,\infty)$ 可得

$$\|\nabla^2 w\|_{L^q} \leqslant C\|m\dot{u}\|_{L^q}, \|\nabla w\|_{L^\infty} \leqslant C(\|m\dot{u}\|_{L^2} + \|m\dot{u}\|_{L^6})。\tag{3.86}$$

为了得到 $\|\nabla v\|_{L^\infty}$ 的估计,利用如下事实。

注释 3.3 设 $\Omega = \{x\in R^3 | x_3 > 0\}$, 对任意的 $q\in(3,\infty)$ 和函数 $\nabla v\in W^{1,q}(\Omega)$, 则存在常数 C 满足:

$$\|\nabla v\|_{L^\infty}\leqslant C(1+\ln(e+\|\nabla^2 v\|_{L^q}))\|\nabla v\|_{\mathrm{BMO}},\tag{3.87}$$

这里,

$$\|\nabla v\|_{\mathrm{BMO}}=\|\nabla v\|+[\nabla v]_{\mathrm{BMO}},$$

$$[\nabla v]_{\mathrm{BMO}}=\sup_{r>0,x\in\Omega}\frac{1}{\Omega_r(x)}\int_{\Omega_r(r)}|\nabla v(y)-\nabla v_r(x)|dy,$$

$$\nabla v_r=\frac{1}{\Omega_r(x)}\int_{\Omega_r(x)}\nabla v(y)dy。$$

则利用经典的椭圆估计,可得

$$\begin{aligned}\|\nabla v\|_{\mathrm{BMO}}&\leqslant C(\|P(m,n)-P(\tilde{m},\tilde{n})\|_{L^2}+\|P(m,n)-P(\tilde{m},\tilde{n})\|_{L^\infty})\\&\leqslant C(\bar{m}),\end{aligned}$$

再结合式(3.87),可得

$$\|\nabla v\|_{L^\infty}\leqslant C(1+\ln(e+\|\nabla^2 v\|_{L^q}))。\tag{3.88}$$

由式(3.81)和式(3.82),可得

$$\begin{aligned}&\partial_t(\|\nabla m\|_{L^p}+\|\nabla n\|_{L^p})\\&\leqslant C\|\nabla u\|_{L^\infty}(\|\nabla m\|_{L^p}+\|\nabla n\|_{L^p})+C\|\nabla^2 u\|_{L^p}\\&\leqslant C(1+\|\nabla u\|_{L^\infty})(\|\nabla m\|_{L^p}+\|\nabla n\|_{L^p})+C\|m\dot{u}\|_{L^p}。\end{aligned}\tag{3.89}$$

则利用注 3.3 和式(3.85),可得

$$\begin{aligned}&\|\nabla u\|_{L^\infty}\leqslant C(\|\nabla w\|_{L^\infty}+\|\nabla v\|_{L^\infty})\\&\leqslant C\|\nabla w\|_{L^\infty}+(1+\ln(e+\|\nabla^2 v\|_{L^q}))\\&\leqslant C(1+\|m\dot{u}\|_{L^6}+\ln(e+\|\nabla m\|_{L^q}+\|\nabla n\|_{L^q}))。\end{aligned}\tag{3.90}$$

令

$$f(t)=e+\|\nabla m\|_{L^6}+\|\nabla n\|_{L^6},g(t)=1+\|m\dot{u}\|_{L^6}。$$

将式(3.89)带入式(3.90)并令 $p=6$,可得

$$f'(t)\leqslant Cg(t)f(t)+Cf(t)\ln f(t)+Cg(t),$$

可以得到:

$$(\ln f(t))'\leqslant Cg(t)+C\ln f(t)。\tag{3.91}$$

利用引理 3.1 和式(3.75)、式(3.79),可得

$$\int_0^T g(t)dt\leqslant C\int_0^T(1+\|m\dot{u}\|_{L^6})dt\leqslant C\int_0^T(1+\|\nabla\dot{u}\|_{L^2})dt\leqslant C。\tag{3.92}$$

再利用 Gronwall 不等式和式（3.91），可得

$$\sup_{0\leqslant t\leqslant T} f(t) \leqslant C,$$

即

$$\sup_{0\leqslant t\leqslant T}(\|\nabla m\|_{L^6}+\|\nabla n\|_{L^6}) \leqslant C。\tag{3.93}$$

利用式（3.90）、式(3.92）和式（3.93），可得

$$\int_0^T \|\nabla u\|_{L^\infty} dt \leqslant C。\tag{3.94}$$

令 $p=2$ 和式（3.89），可得

$$\sup_{0\leqslant t\leqslant T}(\|\nabla m\|_{L^2}+\|\nabla n\|_{L^2}) \leqslant C。\tag{3.95}$$

这就完成了对命题 3.4 的证明。

推论 3.2 设（m,n,u）是问题式（3.1）—(3.3)在 $[0,T]$ 上的经典解，则有如下估计：

$$\sup_{0\leqslant t\leqslant T}\int m|u_t|^2dx+\int_0^T\int|\nabla u_t|^2dxds \leqslant C。\tag{3.96}$$

为了得到解的高阶估计，需要证明 P_{mm}、P_{mn}、P_{nn}、P_{mmm}、P_{mmn}、P_{mnn} 和 P_{nnn} 的估计。

引理 3.4 在定理 3.1 的假设条件下有

$$|P_{mm}|\leqslant C,|P_{mn}|\leqslant C,|P_{nn}|\leqslant C,\tag{3.97}$$

$$|P_{mmm}|\leqslant C,|P_{mmn}|\leqslant C,|P_{mnn}|\leqslant C,|P_{nnn}|\leqslant C。\tag{3.98}$$

命题 2.5 设（m,n,u）是问题式(1.1)—(1.3)在 $[0,T]$ 上的经典解，则有如下估计：

$$\sup_{0\leqslant t\leqslant T}(\|m-\tilde{m}\|_{H^2}+\|n-\tilde{n}\|_{H^2}+\|P(m,n)-P(\tilde{m},\tilde{n})\|_{H^2}) \leqslant C。\tag{3.99}$$

证明：首先，利用椭圆估计可以得到：

$$\|\nabla u\|_{H^2} \leqslant C(\|F\|_{H^2}+\|\omega\|_{H^2}+\|P(m,n)-P(\tilde{m},\tilde{n})\|_{H^2})。\tag{3.100}$$

则利用方程（3.1）$_1$ 和方程（3.1）$_2$ 和上述估计，可以得到：

$$\frac{d}{dt}(\|\nabla^2 m\|_{L^2}^2 + \|\nabla^2 n\|_{L^2}^2)$$

$$\leqslant C(1 + \|\nabla u\|_{L^\infty})(\|\nabla^2 m\|_{L^2}^2 + \|\nabla^2 n\|_{L^2}^2) + C\|\nabla u\|_{H^2}^2 + C。 \tag{3.101}$$

利用命题 3.1,可以得到:

$$\|F\|_{H^2} + \|\omega\|_{H^2} + \|P(m,n) - P(\tilde{m},\tilde{n})\|_{H^2}$$

$$\leqslant C(\|F\|_{H^1} + \|\omega\|_{H^1} + \|m\dot{u}\|_{H^1} + \|P(m,n) + P(\tilde{m},\tilde{n})\|_{H^1})$$

$$+ C(\|\nabla^2 m\|_{L^2}\|\nabla^2 n\|_{L^2})$$

$$\leqslant C(1 + \|m\dot{u}\|_{L^2} + \|\nabla(m\dot{u})\|_{L^2}) + C(\|\nabla^2 m\|_{L^2}\|\nabla^2 n\|_{L^2})$$

$$\leqslant C(1 + \|\nabla\dot{u}\|_{L^2} + \|\nabla m\|_{L^3}\|\dot{u}\|_{L^6}) + C(\|\nabla^2 m\|_{L^2}\|\nabla^2 n\|_{L^2}),$$

再结合命题 3.4 和 Gronwall 不等式,得到:

$$\sup_{0\leqslant t\leqslant T}\int(\|\nabla^2 m\|_{L^2} + \|\nabla^2 n\|_{L^2})\,dx \leqslant C。$$

则可以得到 $\sup\limits_{0\leqslant t\leqslant T}\|P(m,n) - P(\tilde{m},\tilde{n})\|_{H^2} \leqslant C$, 这样就完成了对命题 3.5 的证明。

命题 3.6 设 (m,n,u) 是问题式 (3.1)—(3.3) 在 $[0,T]$ 上的经典解,则有如下估计:

$$\sup_{0\leqslant t\leqslant T}(\|m_t\|_{H^1} + \|n_t\|_{H^1} + \|P_t\|_{H^1}) +$$

$$\int_0^T(\|m_{tt}\|_{L^2}^2 + \|n_{tt}\|_{L^2}^2 + \|P_{tt}\|_{L^2}^2)\,dt \leqslant C。 \tag{3.102}$$

证明:由方程$(3.1)_1$、式(1.15)、式(3.75)和式 (3.80) 可得到:

$$\|m_t\|_{L^2} \leqslant C\|u\|_{L^\infty}\|\nabla m\|_{L^2} + C\|\nabla u\|_{L^2} \leqslant C。 \tag{3.103}$$

类似地可得

$$\|n_t\|_{L^2} \leqslant C\|u\|_{L^\infty}\|\nabla n\|_{L^2} + C\|\nabla u\|_{L^2} \leqslant C。 \tag{3.104}$$

对方程 $(1.1)_1$ 两边作用 ∇算子可得

$$\partial_j m_t + \partial_j u^i\partial_i m + u^i\partial_i\partial_j m + \partial_j m\,\mathrm{div}u + m\partial_j\mathrm{div}u = 0。 \tag{3.105}$$

利用式 (1.15)、式(3.75)、式(3.80) 和式 (3.99), 可得

$$\|\nabla m_t\|_{L^2}$$

$$\leqslant C\|\nabla u\|_{L^3}\|\nabla m\|_{L^6} + C\|u\|_{L^\infty}\|\nabla^2 m\|_{L^2} + \|\nabla^2 u\|_{L^2}$$

$$\leqslant C\|\nabla u\|_{L^2}^{\frac{1}{2}}\|\nabla^2 u\|_{L^2}^{\frac{1}{2}}\|\nabla^2 m\|_{L^2}+C\|u\|_{L^2}^{\frac{1}{4}}\|\nabla^2 u\|_{L^2}^{\frac{3}{4}}+C\|\nabla^2 u\|_{L^2}$$

$$\leqslant C。\tag{3.106}$$

类似地,可得到:

$$\|\nabla n_t\|_{L^2}\leqslant C。\tag{3.107}$$

接下来,对方程 $(3.1)_1$ 两边对 t 求微分可得

$$m_{tt}+u_t\cdot\nabla m+u\cdot\nabla m_t+m_t\mathrm{div}u+m\mathrm{div}u_t=0。\tag{3.108}$$

利用引理 1.1、式(3.71)、式(3.96)、式(3.99)、式(3.107)和式(3.108),可得

$$\int_0^T\|m_{tt}\|_{L^2}^2dt$$

$$\leqslant C\int_0^T(\|u_t\|_{L^6}^2\|\nabla m\|_{L^3}^2+\|\nabla m_t\|_{L^2}^2+\|m_t\|_{L^6}^2\|\nabla u\|_{L^3}^2+\|\nabla u_t\|_{L^2}^2)dt$$

$$\leqslant C。\tag{3.109}$$

类似地,可得:

$$\int_0^T\|\nabla n_{tt}\|_{L^2}^2dt\leqslant C。\tag{3.110}$$

利用同样的方法可以得到 P_t 和 P_{tt} 的相应估计。

推论 3.3 设 (m,n,u) 是问题式(3.1)—(3.3)在 $[0,T]$ 上的经典解,则有如下估计:

$$\sup_{0\leqslant t\leqslant T}\int|\nabla u_t|^2dx+\int_0^T\int mu_{tt}^2dxdt\leqslant C。\tag{3.111}$$

命题 3.7 设 (m,n,u) 是问题式(3.1)—(3.3)在 $[0,T]$ 上的经典解,则有如下估计:

$$\sup_{0\leqslant t\leqslant T}(\|m-\tilde{m}\|_{H^3}+\|n-\tilde{n}\|_{H^3}+\|P(m,n)-P(\tilde{m},\tilde{n})\|_{H^3})\leqslant C。\tag{3.112}$$

$$\sup_{0\leqslant t\leqslant T}\|\nabla u\|_{H^2}+\int_0^T(\|\nabla u\|_{H^3}^2+\|\nabla u_t\|_{H^2}^2)dt\leqslant C。\tag{3.113}$$

证明: 利用 Hölder 不等式、Young 不等式、引理 1.1、式(3.75)、式(3.80)、式(3.99)和式(3.102),可得

$$\|\nabla(m\dot{u})\|_{L^2}=\|\nabla(mu_t+mu\cdot\nabla u)\|_{L^2}$$
$$\leqslant C\||\nabla m||u_t|\|_{L^2}+C\|m\nabla u_t\|_{L^2}+C\||\nabla m||u||\nabla u|\|_{L^2}$$
$$+C\|m|\nabla u|^2\|_{L^2}+C\|m|u||\nabla^2u|\|_{L^2}$$
$$\leqslant C\|\nabla m\|_{L^3}\|u_t\|_{L^6}+C\|\nabla u_t\|_{L^2}+C\|u\|_{L^\infty}\|\nabla m\|_{L^3}\|\nabla u\|_{L^6}$$
$$+C\|\nabla u\|_{L^3}\|\nabla u\|_{L^6}+C\|u\|_{L^\infty}\|\nabla^2u\|_{L^2}$$
$$\leqslant C, \tag{3.114}$$

再结合式（3.79），可得

$$\sup_{0\leqslant t\leqslant T}\|m\dot{u}\|_{H^1}\leqslant C。 \tag{3.115}$$

由标准的 H^1 - 椭圆估计得到：

$$\|\nabla^2u\|_{H^1}\leqslant C\|\mu\Delta u+(\mu+\lambda)\nabla\mathrm{div}u\|_{H^1}$$
$$\leqslant C\|m\dot{u}+\nabla P\|_{H^1}$$
$$\leqslant C\|m\dot{u}\|_{H^1}+C\|\nabla P\|_{H^1}\leqslant C, \tag{3.116}$$

这里利用了方程（3.1）$_3$，引理 3.1，式(3.75)、式(3.65)、式(3.99) 和式(3.102)，则可以得到

$$\sup_{0<t\leqslant T}\|\nabla u\|_{H^2}\leqslant C。 \tag{3.117}$$

接下来，利用经典的 L^2 - 椭圆估计，可得

$$\|\nabla^2u_t\|_{L^2}$$
$$\leqslant C\|\mu\Delta u_t+(\mu+\lambda)\nabla\mathrm{div}u_t\|_{L^2}$$
$$=C\|mu_{tt}+m_tu_t+m_tu\cdot\nabla u+mu_t\cdot\nabla u+mu\cdot\nabla u_t+\nabla P_t\|_{L^2}$$
$$\leqslant C\|mu_{tt}\|_{L^2}+C\|m_t\|_{L^3}\|u_t\|_{L^6}+C\|u\|_{L^\infty}\|m_t\|_{L^3}\|\nabla u\|_{L^6}$$
$$+\|u_t\|_{L^6}\|\nabla u\|_{L^3}+C\|u\|_{L^\infty}\|\nabla u_t\|_{L^2}+C\|\nabla P_t\|_{L^2}$$
$$\leqslant C\|mu_{tt}\|_{L2}+C, \tag{3.118}$$

再结合式（3.111），可以得到：

$$\int_0^T\|\nabla u_t\|_{H^1}^2dt\leqslant C。 \tag{3.119}$$

为了得到 $\|\nabla^2u\|_{H^2}$ 估计，再次利用经典的 H^2 - 椭圆估计，可以得到：

$$\|\nabla^2u\|_{H^2}\leqslant C\|\mu\Delta u+(\lambda+\mu)\nabla\mathrm{div}u\|_{H^2}$$
$$\leqslant C\|m\dot{u}\|_{H^2}+C\|\nabla P\|_{H^2}$$

$$\leqslant C + C \| \nabla u_t \|_{H^1} + C(\| \nabla^3 m \|_{L^2} + \| \nabla^3 n \|_{L^2}) ,$$

(3.120)

这里利用了方程 (3.1)$_3$、引理 1.1、引理 3.1、式(3.116) 以及下面的估计：

$$\begin{aligned}
&\| \nabla^2(mu_t) \|_{L^2} \\
\leqslant & C \| |\nabla^2 m| |u_t| \|_{L^2} + C \| |\nabla m| |\nabla u_t| \|_{L^2} + C \| \nabla^2 u_t \|_{L^2} \\
\leqslant & C \| \nabla^2 m \|_{L^2} \| \nabla u_t \|_{L^2} + C \| \nabla m \|_{L^3} \| \nabla u_t \|_{L^6} + C \| \nabla^2 u \|_{L^2} \\
\leqslant & C + C \| \nabla u_t \|_{L^2}
\end{aligned} \tag{3.121}$$

且有

$$\begin{aligned}
&\| \nabla^2(mu \cdot \nabla u) \|_{L^2} \\
\leqslant & C \| |\nabla^2(mu)| |\nabla u| \|_{L^2} + C \| |\nabla(mu)| |\nabla^2 u| \|_{L^2} + C \| \nabla^3 u \|_{L^2} \\
\leqslant & C + C \| \nabla^2(mu) \|_{L^2} \| \nabla u \|_{H^2} + C \| \nabla(mu) \|_{L^3} \| \nabla^2 u \|_{L^6} \\
\leqslant & C + C \| \nabla^2 m \|_{L^2} \| u \|_{L^\infty} + C \| \nabla m \|_{L^6} \| \nabla u \|_{L^3} + C \| \nabla^2 u \|_{L^2} \\
\leqslant & C。
\end{aligned} \tag{3.122}$$

首先对方程 (3.1)$_1$ 两边作用算子 ∇^3，然后等式两边乘以 $\nabla^3 m$，最后对所得的等式在 $R^3 \times [0,T]$ 上积分，可得

$$\begin{aligned}
&\frac{1}{2}\frac{d}{dt}\int |\nabla^3 m|^2 dx \\
=& -\int_0^T\int \nabla^3(\operatorname{div}(mu)) \cdot \nabla^3 m dxdt \\
\leqslant & C(\| |\nabla^3 u| |\nabla m| \|_{L^2} + \| |\nabla^2 u| |\nabla^2 m| \|_{L^2} + \| |\nabla u| |\nabla^3 m| \|_{L^2} + \| \nabla^4 u \|_{L^2}) \| \nabla^3 m \|_{L^2} \\
\leqslant & C(\| \nabla^3 u \|_{L^2} \| \nabla m \|_{H^2} + \| \nabla^2 u \|_{L^3} \| \nabla^2 m \|_{L^6} + \| \nabla^3 m \|_{L^2} \| \nabla u \|_{L^\infty}) \| \nabla^3 m \|_{L^2} \\
& + C(1 + \| \nabla^2 u_t \|_{L^2} + \| \nabla^3 m \|_{L^2}) \| \nabla^3 m \|_{L^2} \\
\leqslant & C + C \| \nabla^2 u_t \|_{L^2}^2 + C \| \nabla^3 m \|_{L^2}^2。
\end{aligned} \tag{3.123}$$

类似地，可得

$$\frac{1}{2}\frac{d}{dt}\int |\nabla^3 n|^2 dx \leqslant C + C \| \nabla^2 u_t \|_{L^2}^2 + C \| \nabla^3 n \|_{L^2}^2, \tag{3.124}$$

这里用到了式(3.120)。由式 (3.123)—(3.124)可得

$$\frac{d}{dt}(\|\nabla^3 m\|_{L^2}^2 + \|\nabla^3 n\|_{L^2}^2)$$
$$\leqslant C + C\|\nabla^2 u_t\|_{H^2}^2 + C(\|\nabla^3 m\|_{L^2}^2 + \|\nabla^3 n\|_{L^2}^2)。\quad (3.125)$$
利用 Gronwall 不等式和式（3.119），可得
$$\sup_{0\leqslant t\leqslant T}(\|\nabla^3 m\|_{L^2} + \|\nabla^3 n\|_{L^2}) \leqslant C。\quad (3.126)$$
结合估计式（3.120）—（3.126），可得
$$\int_0^T \|\nabla u\|_{H^3}^2 dt \leqslant C。\quad (3.127)$$
这样就完成了对命题 3.7 的证明。

命题 3.8 设 (m,n,u) 是问题式(3.1)—(3.3)在 $[0,T]$ 上的经典解，则有如下估计：
$$\sup_{0\leqslant t\leqslant T}\sigma(\|\nabla^2 u_t\|_{L^2} + \|\nabla^4 u\|_{L^2}) + \int_0^T \sigma^2\|\nabla u_{tt}\|_{L^3}^2 dt \leqslant C。$$
(3.128)

第三节 定理 3.1 的证明

下面给出定理 3.1 的证明。由解的局部存在性结果可得到存在时间 T^* 使得对问题式(3.1)—(3.4) 在 $(0,T^*]$ 存在唯一的经典解 (m,n,u)。

由引理 3.2 和命题 3.2—3.3，可以得到存在时间 $\tilde{T}\in(0,T^*]$ 使得对 $T=\tilde{T}$ 条件式(3.18)—(3.19) 成立。令
$$\bar{T} = \sup\{T \mid (3.18)—(3.19)\ 成立\}\quad (3.129)$$
则对 $\bar{T}\geqslant\tilde{T}>0$ 由命题 3.7—3.8 和标准的嵌入定理，即对任意的 $q\in[2,6)$ 有
$$L^\infty(\tau,T;H^1)\cap H^1(\tau,T;H^{-1}) \xrightarrow{嵌入} C([\tau,T];L^q),\quad (3.130)$$
这样可以得到 ∇u_t，$\nabla^3 u \in C([\tau,T];L^2\cap L^4)$，$\nabla u$，$\nabla^2 u \in C([\tau,T];L^2\cap C(\overline{\Omega}))$。由式（3.96）、式(3.111) 和式（3.128），可以得到：

$$\int_{\tau}^{T} \| (m\ |u_t|^2)_t \|_{L^1} dt \leqslant C,$$

这就可以得到 $m^{\frac{1}{2}} u_t \in C([\tau,T];L^2)$，再结合式(3.2)可以得到 $m^{\frac{1}{2}}\dot{u}, \nabla\dot{u} \in C([\tau,T];L^2)$。

现在,假设 $\bar{T}=\infty$, 否则,若 $\bar{T}<\infty$, 则由引理 3.1 结合命题 3.4—3.8 的估计式 (3.29)、式(3.75)、推论 3.2—3.3 可以得到 $m(x,\bar{T})$、$n(x,\bar{T})$、$u(x,\bar{T})$ 满足式 (3.8)—(3.11),其中, $g(x)=\dot{u}(x,\bar{T})$。则由局部存在性得到,存在 $\bar{T}'>\bar{T}$ 使得对 $T=\bar{T}'$ 式(3.18) 和式 (3.19) 成立,这个与式 (3.129) 矛盾,因此可证明 $\bar{T}=\infty$。

第四章　三维粘性气体—液体两相流模型爆破准则

本章主要考虑三维粘性气体—液体两相流模型强解的速度梯度项的 $L^1(0,T;L^\infty)$ 范数在有限的时间发生爆破。本章将考虑以下两种边界条件：Dirichlet 边界条件和 Navier-slip 边界条件。本章对粘性系数没有额外的限制条件。此外,本章的结论对全空间情形也是成立的。

第一节　主要结论

本章考虑三维粘性可压两相流方程模型为

$$\begin{cases} m_t + \mathrm{div}(mu) = 0, \\ n_t + \mathrm{div}(nu) = 0, \\ (_m + \mathrm{div}(mu \otimes u) + \nabla P(m,n) = \mu\Delta u + (\lambda + \mu)\nabla \mathrm{div} u, \end{cases} \tag{4.1}$$

其中, $(x,t) \in \Omega \times (0,T)$, 初值条件:

$$(m,n,u)\big|_{t=0} = (m_0,n_0,u_0), \tag{4.2}$$

两种边界条件分别为

(1) Dirichlet 边界条件:这里 $\Omega \subset \mathbb{R}^3$ 表示一个有界的光滑区域并且有

$$u = 0, \quad 其中\ x \in \partial\Omega; \tag{4.3}$$

(2) Navier-slip 边界条件: $\Omega \subset \mathbb{R}^3$ 表示一个有界的光滑区域,有

$$u \cdot \tilde{n} = 0, \quad \mathrm{curl} u \times \tilde{n} = 0, \quad \text{其中 } x \in \partial\Omega, \tag{4.4}$$

其中，$\tilde{n} = (\tilde{n}_1, \tilde{n}_2, \tilde{n}_3)$ 表示 $\partial\Omega$ 的外法线单位向量。

对气体—液体两相流模型爆破准则的研究已经有了一些结果。Wen 等证明了初值带有真空时三维情形局部强解液体密度上界的爆破准则[17]，即设 T^* 是强解的最大存在时间，限制粘性系数满足 $\frac{25\mu}{3} \geqslant \lambda$ 时，有结论：

$$\limsup_{T \to T^*} \| m \|_{L^\infty(0,T;L^\infty)} = \infty$$

成立。Hou 和 Wen 证明了当初始条件带真空时[19]，若 T^* 是强解的最大存在时间，则应力张量有

$$\limsup_{T \to T^*} \| \mathscr{D}(u) \|_{L^1(0,T;L^\infty)} = \infty,$$

其中，应力张量 $\mathscr{D}(u) = \frac{\nabla u + (\nabla u)^T}{2}$，为了避免初值真空时产生的奇异性，假设初始条件满足 $0 \leqslant \underline{s}_0 m_0 \leqslant n_0 \leqslant \bar{s}_0 m_0$。

由于两相流模型（4.1）的结构与可压 Navier-Stokes 模型相似，下面对 Navier-Stokes 的研究工作做简要的介绍。对于二维可压 Navier-Stokes 方程，Sun 和 Zhang 得到了强解密度上界的爆破准则[62]。对于三维情形，当粘性系数满足限制条件 $\lambda < 7\mu$ 时，Huang 等得到了强解速度导数的 $L^1(0,T;L^\infty)$ 模的爆破准则[58]。在这一限制条件下，Huang 和 Xin 证明了经典解速度梯度的爆破准则[63]。Huang 和 Xin 证明了在三种边值条件下速度梯度的应力张量控制强解的爆破[64]。Sun 等证明了初值带有真空情形时 Navier-Stokes 局部强解满足[65]

$$\limsup_{T \to T^*} \left(\| \rho(t) \|_{W^{1,q}(\Omega)} + \| u(t) \|_{D^{0,1}(\Omega)} \right) = \infty,$$

其中，Ω 是 $\mathbb{R}^3$ 上的有界区域或者为全空间 $\mathbb{R}^3$。本章将要证明在没有限制条件 $\lambda < 7\mu$ 下，三维气体—液体两相流模型两种边界条件下速度梯度在有限时间发生爆破。

在本章中，证明了在两种边界条件下三维气体—液体两相流模型的速度梯度的 $L^1(0,T;L^\infty)$ 范数的爆破，并且初值没有真空情形。这个结果改进

了 Yao 等的结果[18]，即对粘性系数不需要限制条件 $\lambda < 7\mu$。本章的结论可以推广到全空间的情形。

在给出主要定理之前，首先对本章中的记号加以说明。正如 Cho 和 Kim[54]、Cho 和 Choe[55]的表示方法，齐次和非齐次 Sobolev 空间表示如下：

$$L^r = L^r(\Omega), \quad W^{k,r} = W^{k,r}(\Omega), \quad H^k = W^{k,2},$$

$$D^{k,r} = \{u \in L^1_{loc}(\Omega) \mid \|\nabla^k u\|_{L^r} < \infty\}, \quad \|u\|_{D^{k,r}} = \|\nabla^k u\|_{L^r},$$

$$W^{k,r} = L^r \cap D^{k,r}, \quad D^k = D^{k,2}, \quad D^1 = \{u \in L^6 \mid \|\nabla u\|_{L^2} < \infty\},$$

$$D^1_0 = \{u \in L^6 \mid \|\nabla u\|_{L^2} < \infty, \text{边界条件(1.3)或者(1.4)成立}\},$$

$$\|u\|_{D^1_0} = \|\nabla u\|_{L^2}, \quad H^1_0 = L^2 \cap D^1_0。$$

首先，Cho 和 Kim 证明了单相流体 Navier-Stokes 方程初值真空情形局部强解的存在唯一性[54]，而对于两相流 Dirichlet 边界条件局部存在性唯一性较 Hoff 的证明[57]更简单。Navier-slip 边界条件局部存在唯一性证明参见 Huang 等对可压液晶流的证明[66]，下面给出两相流模型初始没有真空情形时局部强解的存在唯一性的证明。

定理4.1 设 Ω 为 $\mathbb{R}^3$ 中一个有界的光滑区域，假设存在常数 $\bar{m}_1$、$\underline{m}_1$、$\bar{n}_1$ 以及 $\underline{n}_1$ 满足 $0 \leq \underline{m}_1 \leq \bar{m}_1 < \infty$、$0 \leq \underline{n}_1 \leq \bar{n}_1 < \infty$，使得初值 m_0、n_0、u_0 满足

$$0 \leq \underline{m}_1 \leq \inf_x m_0 \leq \sup_x m_0 \leq \bar{m}_1, \quad 0 \leq \underline{n}_1 \leq \inf_x n_0 \leq \sup_x n_0 \leq \bar{n}_1, \tag{4.5}$$

$$u_0 \in D^1_0 \cap D^2, \quad (m_0, n_0) \in H^1 \cap W^{1,q}, \quad q \in (3,6], \tag{4.6}$$

以及相容性条件，即存在 $g \in L^2$ 有

$$-\mu\Delta u_0 - (\lambda + \mu)\nabla \mathrm{div} u_0 + \nabla P(m_0, n_0) = m_0^{\frac{1}{2}} g。 \tag{4.7}$$

则问题式(4.1)—(4.2)在边值条件式(4.3)或者式(4.4)下，存在时间 $T_1 > 0$ 以及唯一的强解 $(m, m, u)(x,t)$，使得

$$m, n > 0, \quad (m,n) \in C(0, T_1; W^{1,q} \cap H^1),$$

$$(m_t, n_t) \in C(0, T; L^2 \cap L^q), \quad u \in C(0, T_1; D^1_0 \cap D^2) \cap L^2(0, T_1; D^{2,q}),$$

$$u_t \in L^2(0, T_1; D^1_0), \quad \sqrt{m} u_t \in L^\infty(0, T_1; L^2)。 \tag{4.8}$$

下面我们给出本章的主要结果。

定理4.2 设 Ω 为 $\mathbb{R}^3$ 上的一个有界光滑区域，假设初始数据 m_0、n_0、u_0 满足式（4.5）—（4.7）。若 $T^* < \infty$ 是问题式(4.1)-(4.2) 带有边值条件式(4.3)或式(4.4) 强解存在的最大时间，$(m,m,u)(x,t)$ 如定理 4.1 所述，则有

$$\limsup_{T\to T^*} \| \nabla u \|_{L^1(0,T;L^\infty(\Omega))} = \infty。 \tag{4.9}$$

注释4.1 容易得到：

$$\begin{cases} P_m = C^0\{1 - \dfrac{b}{\sqrt{b^2 + c}}\} > 0, \\ P_n = C^0\{a_0 + \dfrac{a_0}{\sqrt{b^2 + c}}(m + a_0 n + k_0)\} > 0, \end{cases} \tag{4.10}$$

这表明压强 $P(m,n)$ 是关于 $m > 0$ 以及 $n > 0$ 单调递增的。

注释4.2 上述结果对于 $\Omega = \mathbb{R}^3$ 也是成立的、注意到对于 Cauchy 问题需要假设对 $q \in (3,6]$ 有 $(m_0 - m^\infty, n_0 - n^\infty) \in H^1 \cap W^{1,q}$，并且 $\inf m_0 > 0$，$\inf n_0 > 0$，其中 m^∞, n^∞ 为大于零的常数。爆破准则式（4.9）依然成立。

第二节 准备引理

接下来，给出下面边值问题的 $L^q(q \in (1,\infty))$ 正则性估计：

$$\begin{cases} LU := \mu\Delta U + (\mu + \lambda)\nabla \mathrm{div} U = F, \\ U(x)|_{\partial\Omega} = 0。 \end{cases} \tag{4.11}$$

在这里，L 表示 Lamé 算子，向量函数 $U = (U_1, U_2, U_3)$，$F = (F_1, F_2, F_3)$。可以看出方程(4.11) 是一个强椭圆系统。如果 $F \in W^{-1,2}$，则方程（4.11）存在唯一弱解 $U \in D_0^1$。在下一个小节中，将用 $L^{-1}F$ 来表示系统（4.11）的唯一解 U，其中要求 F 属于合适的空间。Hoff 和 Zumbrun[56] 给出如下的估计。

引理4.1 设 $q \in (1,\infty)$，U 是方程（4.11）的解。则存在紧依赖于 μ、λ、q 和 Ω 的常数 C，使得

（1）若 $F \in L^q$，则

$$\| U \|_{W^{2,q}} \leqslant C \| F \|_{L^q}; \tag{4.12}$$

（2）若 $F \in W^{-1,q}$($i.e.$, $F = \mathrm{div} f$ 满足 $f = (f_{ij})_{3\times 3}$, $f_{ij} \in L^q$)，则

$$\| U \|_{W^{1,q}} \leqslant C \| f \|_{L^q}; \tag{4.13}$$

（3）若 $F = \mathrm{div} f$，其中 $f_{ij} = \partial_k h_{ij}^k$，并且 $h_{ij}^k \in W_0^{1,q}$ 对 $i,j,k = 1,2,3$，则

$$\| U \|_{L^q} \leqslant C \| h \|_{L^q},$$

最后，为了证明 m 和 n 的界，考虑下面线性双曲型方程：

$$m_t + v \cdot \nabla m + m\mathrm{div} v = 0, \quad (x,t) \in \Omega \times (0,T), \quad m(0) = m_0, \tag{4.14}$$

这里的 v 是一个定义在 $\Omega \times (0,T)$ 上已知的速度场，已知当速度 v 充分光滑时，对初值 m_0 线性问题式（4.14）存在唯一的强解 m。给出下面结论：

引理4.2 [55] 方程（4.14）的解 m 有下列表达式：

$$m(x,t) = m_0(V(0,t,x))\exp\left[-\int_0^t \mathrm{div} v(s,V(s,t,x))ds\right], \tag{4.15}$$

其中，$V \in C([0,T] \times [0,T] \times \Omega)$ 是初值问题

$$\begin{cases} \dfrac{\partial}{\partial t}V(t,s,x) = v(t,V(t,s,x)),\ 0 \leqslant t \leqslant T \\ V(s,s,x) = x,\ 0 \leqslant s \leqslant T,\ x \in \overline{\Omega} \end{cases} \tag{4.16}$$

的解。

第三节　定理4.2的证明

设 Ω 为 $\mathbb{R}^3$ 上的一个有界光滑区域，且 (m,n,u) 是定义在 $\Omega \times [0,T)$ 上方程（4.1）—（4.2）在边值条件式（4.3）或式（4.4）下的强解，正则性如定理4.1所述。首先假设式（4.9）不成立，即存在大于零的常数 M，使得

$$\| \nabla u \|_{L^1(0,T;L^\infty)} \leqslant M \leqslant \infty, 0 \leqslant T \leqslant T_1^*. \tag{4.17}$$

在这一节中，C 表示大于零的常数且仅依赖于 μ、λ、m_0、n_0、u_0、Ω、M 和压强 $P(m,n)$ 的表达式（1.8）以及给定的时间 $T > 0$。令

$$T_1^* = \sup\{T \in (0,T^*);\ m(x,t) > 0,\ 对任意的(x,t) \in \Omega \times [0,T]\}。 \tag{4.18}$$

首先,给出 $\dfrac{n(x,t)}{m(x,t)}$ 的估计。

注释 4.3 在定理 4.2 的条件下,对任意的 $0 \leqslant T \leqslant T_1^*$ 有

$$0 \leqslant \underline{s}_0 \leqslant \frac{n(x,t)}{m(x,t)} \leqslant \bar{s}_0 < \infty, \tag{4.19}$$

其中,$\underline{s}_0 = \inf_x \dfrac{n_0}{m_0}, \bar{s}_0 = \sup_x \dfrac{n_0}{m_0}$。

接着在假设条件式(4.17)的前提下给出液体和气体质量的上下界的证明。

引理 4.3 在定理 4.2 以及假设条件式(4.17)下,对任意的 $0 \leqslant t \leqslant T \leqslant T_1^*$ 有

$$C^{-1} \leqslant m(x,t) \leqslant C。 \tag{4.20}$$

证明: 利用引理 4.2 和式(4.17),可以得到:

$$\begin{aligned} m(x,t) &= m_0(V(0,t,x))\exp\left[-\int_0^t \mathrm{div}u(s,V(s,t,x))\,ds\right] \\ &\leqslant \bar{m}_1 \exp\left(\int_0^t |\mathrm{div}u(s,V(s,t,x))|\,ds\right) \\ &\leqslant \bar{m}_1 e^M < C。 \end{aligned} \tag{4.21}$$

类似的有

$$m(x,t) = m_0(U(x;0,t))\exp\left[-\int_0^t \mathrm{div}u(U(x;s,t),s)\,ds\right] \geqslant \underline{m}_1。 \tag{4.22}$$

这样就证明了引理 4.3 的结论。

通过引理 4.2 和引理 4.3 的结论以及压强 $P(m,n)$ 的表达式,在下面的引理中给出 $P(m,n)$、$P_n(m,n)$ 和 $P_m(m,n)$ 上界估计。

引理 4.4 在定理 4.2 以及假设条件式(4.17)下,对任意的 $(x,t) \in \Omega \times [0,T]$ 有

$$P(m,n) \leqslant C,\quad P_m(m,n) \leqslant C,\quad P_n(m,n) \leqslant C,\quad 0 \leqslant T < T_1^*。$$

接下来证明将分为两种情况来说明：第一种情况将考虑 Dirichlet 边界条件式（4.3）；第二种情况将在 Navier-slip 边界条件式（4.4）下证明。

（一）Dirichlet 边界条件

在这一节中，证明利用了 Sun 和 Zhang、Sun 等的方法[62,65]。如其所述，给出变量 w 的定义，即

$$w = u - v, \quad v = L^{-1} \nabla P(m,n),$$

其中，v 为

$$\begin{cases} \mu\Delta v + (\lambda + \mu) \nabla \mathrm{div} v = \nabla P(m,n), & x \in \Omega \\ v(x) = 0, & x \in \partial\Omega \end{cases} \tag{4.23}$$

的解。利用引理 4.1，对 $p \in (1,\infty)$，可以得到：

$$\| \nabla v \|_{L^p} \leqslant C \| P(m,n) \|_{L^p},$$

$$\| \nabla^2 v \|_{L^p} \leqslant C \| \nabla P(m,n) \|_{L^p}。 \tag{4.24}$$

利用方程（4.1），则 w 满足：

$$\begin{cases} m\partial_t w - \mu\Delta w - (\lambda + \mu) \nabla \mathrm{div} w = mF, & (x,t) \in \Omega \times (0,T), \\ w(x,t) = 0, & x \in \partial\Omega, \end{cases} \tag{4.25}$$

其中，初值 $w(x,0): w_0(x) = u_0(x) - v_0(x)$，

$$F = -u \cdot \nabla u - L^{-1} \nabla(\partial_t P(m,n)) - u \cdot \nabla u + L^{-1} \nabla \mathrm{div}[P(m,n)u]$$
$$+ L^{-1} \nabla[(P_m m + P_n n - P(m,n)) \mathrm{div} u]。 \tag{4.26}$$

命题 4.1 在定理 4.2 以及假设条件式（4.17）下，对任意的 $0 \leqslant T < T_1^*$ 有

$$\sup_{0 \leqslant t \leqslant T} \int (m |u|^4 + |\nabla w|^2) dx + \int_0^T \int m |\partial_t w|^2 dx ds \leqslant C。 \tag{4.27}$$

证明：式 $(4.1)_3$ 两边乘以 $4|u|^2 u$，再对上述方程在 Ω 上积分，可得

$$\frac{d}{dt}\int m |u|^4 dx + \int [4 |u|^2 (\mu |\nabla u|^2 + (\lambda + \mu) |\mathrm{div} u|^2)] dx$$

$$= -4(\lambda + \mu) \int u \cdot \nabla |u|^2 \mathrm{div} u dx + 4\int \mathrm{div}(|u|^2 u) P(m,n) dx$$

$$\leqslant C \| \nabla u \|_{L^\infty} \int |u|^2 |\nabla u| dx + \varepsilon \int |u|^2 |\nabla u|^2 dx + C(\varepsilon) \int m |u|^2 dx$$

$$\leqslant C\|\nabla u\|_{L^\infty}\left(\int m|u|^4dx+\int|\nabla u|^2dx\right)+\varepsilon\int|u|^2|\nabla u|^2dx$$

$$+C(\varepsilon)\int m|u|^4dx+C(\varepsilon)$$

$$\leqslant C\|\nabla u\|_{L^\infty}\left(\int m|u|^4dx+\int|\nabla w|^2dx+\int|\nabla v|^2dx\right)+\varepsilon\int|u|^2|\nabla u|^2dx$$

$$+C(\varepsilon)\int m|u|^4dx+C(\varepsilon)$$

$$\leqslant C\|\nabla u\|_{L^\infty}\left(\int m|u|^4dx+\int|\nabla w|^2dx\right)+C\|\nabla u\|_{L^\infty}+\varepsilon\int|u|^2|\nabla u|^2dx$$

$$+C(\varepsilon)\int m|u|^4dx+C(\varepsilon)。\tag{4.28}$$

这里利用了 $P(m,n)\leqslant Cm^{\frac{1}{2}}$、引理 4.3—4.4 和式（4.24）。

考虑到 w 满足方程：

$$\begin{cases}m\partial_t w-\mu\Delta w-(\lambda+\mu)\nabla\mathrm{div}w=mF,\ (x,t)\in\Omega\times(0,T),\\ w(x,t)=0,\quad (x,t)\in\partial\Omega\times[0,T),\\ w(x,0)=w_0(x)=u_0(x)+v_0(x),\quad x\in\Omega\end{cases}\tag{4.29}$$

其中，F 的表达式通过式（4.26）给出。对式 $(4.29)_1$ 两边乘以 $\partial_t w$，再在 Ω 上积分，可得

$$\frac{1}{2}\frac{d}{dt}\int(\mu|\nabla w|^2+(\lambda+\mu)|\mathrm{div}w|^2)dx+\int m|\partial_t w|^2dx=\int mF\cdot\partial_t wdx,\tag{4.30}$$

利用 Cauchy 不等式，有

$$\frac{d}{dt}\int(\mu|\nabla w|^2+(\lambda+\mu)|\mathrm{div}w|^2)dx+\int m|\partial_t w|^2dx\leqslant\int m|F|^2dx,\tag{4.31}$$

由式（4.26）可得

$$\int m|F|^2dx\leqslant\int_\Omega m|u|^2|\nabla u|^2dx+\|\sqrt{m}L^{-1}\nabla\mathrm{div}[P(m,n)u]\|_{L^2}^2$$

$$+\|\sqrt{m}L^{-1}\nabla[(mP_m+nP_n-P)\mathrm{div}u]\|_{L^2}^2$$

$$=\sum_{i=1}^{3}A_i。\tag{4.32}$$

利用 Cauchy 不等式、引理 4.4、式(1.15)、式(4.20) 以及式 (4.24) 可以得到 A_1—A_3 的如下估计：

$$\begin{aligned} A_1 &= \int m\ |u|^2\ |\nabla u|^2 dx \\ &\leqslant \|\nabla u\|_{L^\infty}\int m\ |u|^2 |\nabla u| dx \\ &\leqslant C\ \|\nabla u\|_{L^\infty}\left(\int m\ |u|^4 dx + \int |\nabla u|^2 dx\right) \\ &\leqslant C\ \|\nabla u\|_{L^\infty}\left(\int m\ |u|^4 dx + \int |\nabla w|^2 dx\right) + C\ \|\nabla u\|_{L^\infty}, \end{aligned} \tag{4.33}$$

$$\begin{aligned} A_2 &= \|\sqrt{m}L^{-1}\nabla \mathrm{div}[P(m,n)]\|_{L^2}^2 \\ &\leqslant C\int |P(m,n)u|^2 dx \leqslant C\int m\ |u|^2 dx \\ &\leqslant C\int m dx + C\int m\ |u|^4 dx \leqslant C + C\int m\ |u|^4 dx, \end{aligned} \tag{4.34}$$

和

$$\begin{aligned} A_3 &= \|\sqrt{m}L^{-1}\nabla[(mP_m + nP_n - P)\mathrm{div}u]\|_{L^2}^2 \\ &\leqslant C\ \|\sqrt{m}\|_{L^3}^2\ \|L^{-1}\nabla[(mP_m + nP_n - P)\mathrm{div}u]\|_{L^6}^2 \\ &\leqslant C\ \|\nabla L^{-1}\nabla[(mP_m + nP_n - P)\mathrm{div}u]\|_{L^2}^2 \\ &\leqslant C\ \|\nabla u\|_{L^2}^2 \leqslant C\int |\nabla w|^2 dx + C, \end{aligned} \tag{4.35}$$

这里也利用了 $P(m,n) \leqslant Cm^{\frac{1}{2}}$。通过式 (4.32)—(4.35) 有

$$\begin{aligned} \int mF^2 dx \leqslant{}& C(\|\nabla u\|_{L^\infty} + 1)\left(\int m\ |u|^4 dx + \int |\nabla w|^2 dx\right) \\ & + C\ \|\nabla u\|_{L^\infty} + C。 \end{aligned} \tag{4.36}$$

利用式 (4.31)—(4.36)，有

$$\begin{aligned} &\frac{d}{dt}\int (m\ |u|^4 + |\nabla w|^2 + |\mathrm{div}u|^2) dx + \int m\ |\partial_t w|^2 dx \\ \leqslant{}& C(\|\nabla u\|_{L^\infty} + 1)\left(\int m\ |u|^4 dx + \int |\nabla w|^2 dx\right) + C\ \|\nabla u\|_{L^\infty} + C, \end{aligned} \tag{4.37}$$

利用 Gronwall 不等式(引理 1.4)可以证明式 (4.27) 成立。

这样就证明了命题 4.1 的结论。

由命题 4.1 和引理 1.1 的结论，可以得到推论 4.1 和推论 4.2。

推论 4.1 在定理 4.2 以及假设条件（4.17）下，对任意的 $0 \leqslant T < T_1^*$ 有

$$\int_0^T \int |\nabla^2 w|^2 dxds \leqslant C。 \tag{4.38}$$

证明：注意到 $Lw = m\partial_t w - mF$，利用式(4.24)、式(4.27)和式(4.36)，可得

$$\begin{aligned}
& \| \nabla^2 w \|_{L^2(0,T;L^2)} \\
\leqslant & C(\| m\partial_t w \|_{L^2(0,T;L^2)} + \| mF \|_{L^2(0,T;L^2)} \\
\leqslant & C + C \| mF \|_{L^2(0,T;L^2)} \\
\leqslant & C + C \int_0^T (\| \nabla u \|_{L^\infty} + 1)\left(\int m |u|^4 dx + \int |\nabla w|^2 dx\right) dt \\
\leqslant & C,
\end{aligned} \tag{4.39}$$

即得到了推论 4.1 的结论。 ■

推论 4.2 在定理 4.2 以及假设条件式（4.17）下，对任意的 $0 \leqslant T < T_1^*$ 有

$$\| \nabla u \|_{L^\infty(0,T;L^2)} \leqslant C, \quad \| \nabla u \|_{L^2(0,T;L^2)} \leqslant C, \quad \| \nabla u \|_{L^2(0,T;L^6)} \leqslant C。 \tag{4.40}$$

下面，将要给出 u 的高阶估计，证明方法参考 Hoff、Zumbrun 对 Navier-Stokes 方程的证明方法[56]。

命题 4.2 在定理 4.2 以及假设条件式（4.17）下，对任意的 $0 \leqslant T < T_1^*$ 有

$$\int m |\dot{u}|^2 dx + \int_0^T \int |\nabla \dot{u}|^2 dxdt \leqslant C。 \tag{4.41}$$

证明：方程 $(4.1)_3$ 可以改写为

$$m\dot{u}^i + \partial_i P(m,n) - \mu \Delta u^i - (\lambda + \mu)\partial_i \mathrm{div} u = 0, \tag{4.42}$$

其中，$\frac{D}{Dt}$ 表示物质导数，即对于函数 $g(x,t)$ 的物质导数表示为 $\frac{Dg}{Dt} = \dot{g} = g_t + u \cdot \nabla g$。对上述方程作用物质导数，并且注意到 $\dot{f} = f_t + \mathrm{div}(fu) - f\mathrm{div}u$，有

$$mu_t^i + mu^j\partial_j u^i + \partial_i P_t + \partial_j(\partial_i P u^j) = \mu[\Delta u_t^i + \partial_j(\Delta u^i u^j)]$$
$$+ (\lambda + \mu)[\partial_i \mathrm{div} u_t + \partial_j((\partial_i \mathrm{div} u)u^j)]。 \tag{4.43}$$

方程（4.43）两边乘以 $\dot{u}^i$，然后在 Ω 上积分，可以得到：

$$\frac{d}{dt}\int \frac{1}{2}m|\dot{u}|^2 dx = \mu\int(\Delta u_t^i + \partial_j(\Delta u^i u^j))\dot{u}^i dx$$
$$+ (\lambda + \mu)\int(\partial_i \mathrm{div})_{u_t} + \partial_j((\partial_i \mathrm{div} u)u^j)\dot{u}^i dx$$
$$+ \int(P_t \mathrm{div}\dot{u} + \partial_i P u^j \partial_j \dot{u}^i)dx = \sum_i^3 B_i。 \tag{4.44}$$

利用分部积分，方程（4.44）右边的项有如下估计：

$$B_1 = \mu\int(\Delta u_t^i + \partial(\Delta u^i u^j))\dot{u}^j dx$$
$$= -\mu\int(\partial_j u_t^i \partial_j \dot{u}^i + \Delta u^i \partial^j \dot{u}^i)dx$$
$$= -\mu\int[\partial_j(\dot{u}^i - u^k\partial_k u^i)\partial_j \dot{u}^i + \Delta u^i u^j \partial_j \dot{u}^i]dx$$
$$= -\mu\int[|\nabla\dot{u}|^2 - \partial_j u^k \partial_k u^i \partial_j \dot{u}^i - u^k \partial_k \partial_j u^i \partial_j \dot{u}^i - \partial_k u^i \partial_k(u^j \partial_j \dot{u}^i)]dx$$
$$= -\mu\int[|\nabla\dot{u}|^2 - \partial_j u^k \partial_k u^i \partial_j u^i$$
$$+ \mathrm{div} u \partial_j u^i \partial_j \dot{u}^i + u^k \partial_j u^i \partial_k \partial_j \dot{u}^i - \partial_k u^i \partial_k(u^j \partial_j \dot{u}^i)]dx$$
$$= -\mu\int[|\nabla\dot{u}|^2 - \partial_j u^k \partial_k u^i \partial_j \dot{u}^i + \mathrm{div} u \partial_j u^i \partial_j \dot{u}^i - \partial_k u^i \partial_k u^j \partial_j \dot{u}^i]dx$$
$$\leqslant -\frac{\mu}{2}\int|\nabla\dot{u}|^2 dx + C\int_\Omega |\nabla u|^4 dx, \tag{4.45}$$

$$B_2 = -(\lambda + \mu)\int(\partial_i \mathrm{div} u_t + \partial_j((\partial_i \mathrm{div} u)u^j))\dot{u}^i dx$$
$$= -(\lambda + \mu)\int[\mathrm{div}\dot{u}\mathrm{div} u_t + \mathrm{div}\dot{u}(u \cdot \nabla \mathrm{div} u)$$
$$- \mathrm{div} u \partial_i u^j \partial_j \dot{u}^i + \mathrm{div}\dot{u}(\mathrm{div} u)^2]dx$$
$$= -(\lambda + \mu)\int[|\mathrm{div}\dot{u}|^2 - \mathrm{div}\dot{u}\partial_i u^j \partial_j u^i$$
$$- \mathrm{div} u \partial_i u^j \partial_j \dot{u}^i + \mathrm{div}\dot{u}(\mathrm{div} u)^2]dx$$

$$\leqslant -\frac{\lambda+\mu}{2}\int|\operatorname{div}\dot{u}|^2dx+\frac{1}{8}\int|\nabla\dot{u}|^2dx-\frac{C}{\varepsilon}(\lambda+\mu)\int|\nabla u|^4dx$$

$$+C(\lambda+\mu)\int|\nabla u|^4dx, \tag{4.46}$$

和

$$B_3=\int(P_t\operatorname{div}\dot{u}+\partial_iPu^j\partial_j\dot{u}^2)\,dx$$

$$=\int[(P_mm_t+P_nn_t)\operatorname{div}\dot{u}+\partial_iPu^j\partial_j\dot{u}^i]dx$$

$$=\int[(-mP_m-nP_n)\operatorname{div}u\operatorname{div}\dot{u}-u\cdot\nabla P(m,n)\operatorname{div}\dot{u}+\partial_iPu^j\partial_j\dot{u}^i]dx$$

$$=\int[(-mP_m-nP_n)\operatorname{div}u\operatorname{div}\dot{u}+P\operatorname{div}(u\operatorname{div}\dot{u})-P\operatorname{div}(u\cdot\nabla\dot{u})]dx$$

$$=\int[(-mP_m-nP_n)\operatorname{div}u\operatorname{div}\dot{u}+P(\operatorname{div}u\operatorname{div}\dot{u}-\partial_iu^j\partial_j\dot{u}^i)]dx$$

$$\leqslant C\|\nabla u\|_{L^2}\|\nabla\dot{u}\|_{L^2}\leqslant C\|\nabla\dot{u}\|_{L^2}\leqslant C+\frac{1}{8}\|\nabla\dot{u}\|_{L^2}^2, \tag{4.47}$$

这里利用了引理 4.3—4.4、式(4.40) 和 Cauchy 不等式。将式 (4.45)—(4.47) 代入式 (4.44), 可以得到:

$$\frac{d}{dt}\int m|\dot{u}|^2dx+\mu\int|\nabla\dot{u}|^2dx+(\lambda+\mu)\int|\operatorname{div}\dot{u}|^2dx\leqslant C\int|\nabla u|^4dx+C。 \tag{4.48}$$

接下来,来估计 $\|\nabla u\|_{L^4}$ 项。由方程 $(4.1)_3$ 和式 (4.25),可以得到 w 满足:

$$\begin{cases}\mu\Delta w+(\lambda+\mu)\nabla\operatorname{div}w=m\dot{u}, & x\in\Omega,\\ w(x,t)=0, & x\in\partial\Omega,\end{cases} \tag{4.49}$$

利用引理 4.1,可得

$$\|\nabla^2w\|_{L^2}\leqslant C\|m\dot{u}\|_{L^2}\leqslant C\|\sqrt{m}\dot{u}\|_{L^2},$$

结合式 (1.15)、推论 4.1—4.12 和式 (4.23), 得

$$
\begin{aligned}
\int |\nabla u|^4 dx &\leqslant C \| \nabla u \|_{L^2} \| \nabla u \|_{L^6}^3 \\
&\leqslant C \| \nabla u \|_{L^6} \| \nabla u \|_{L^6}^2 \\
&\leqslant C \| \nabla u \|_{L^6}^2 (\| \nabla w \|_{L^6} + \| \nabla v \|_{L^6}) \\
&\leqslant C \| \nabla u \|_{L^6}^2 (\| \nabla w \|_{L^6} + 1) \\
&\leqslant C \| \nabla u \|_{L^6}^2 (\| \nabla^2 w \|_{L^2} + 1) \\
&\leqslant C \| \nabla u \|_{L^6}^2 (\| \sqrt{m} \dot{u} \|_{L^2} + 1) \\
&\leqslant C \| \nabla u \|_{L^6}^2 (\| \sqrt{m} \dot{u} \|_{L^2}^2 + 1)。
\end{aligned} \tag{4.50}
$$

将式（4.50）代入式（4.48），并注意到 $\| \nabla u \|_{L^6}^2 \in L^1(0,T)$，再利用 Gronwall 不等式，可以得到：

$$
\int m |\dot{u}|^2 dx + \int_0^T \int |\nabla \dot{u}|^2 dx dt \leqslant C。 \tag{4.51}
$$

这样就得到命题 4.2 的结论。 ■

在命题 4.2—4.4 中，将给出气体—液体密度导数的估计。

命题 4.3 在定理 4.2 以及假设条件式（4.17）下，对任意的 $0 \leqslant T < T_1^*$，有

$$
\sup_{0 \leqslant t \leqslant T} \| (\nabla m, \nabla n) \|_{L^2(\Omega)} \leqslant C。 \tag{4.52}
$$

证明：利用方程 $(4.1)_1$，有

$$
\partial_t |\partial_i m|^2 + \operatorname{div}(|\partial_i m|^2 u) + |\partial_i m|^2 \operatorname{div} u + 2\partial_i m m \partial_i \operatorname{div} u + 2\partial_i m \partial_i u \cdot \nabla m = 0。 \tag{4.53}
$$

上述方程在 Ω 上积分，可得

$$
\begin{aligned}
\frac{d}{dt} \int |\nabla m|^2 dx &\leqslant C \| \nabla u \|_{L^\infty} \| \nabla m \|_{L^2}^2 + C \| \nabla^2 m \|_{L^2} \| \nabla m \|_{L^2} \\
&\leqslant C(\| \nabla u \|_{L^\infty} + 1) \| \nabla m \|_{L^2}^2 + C \| \nabla^2 u \|_{L^2}^2。
\end{aligned} \tag{4.54}
$$

类似地，可以得到：

$$
\begin{aligned}
\frac{d}{dt} \int |\nabla n|^2 dx &\leqslant C \| \nabla u \|_{L^\infty} \| \nabla n \|_{L^2}^2 + C \| \nabla^2 n \|_{L^2} \| \nabla n \|_{L^2} \\
&\leqslant C(\| \nabla u \|_{L^\infty} + 1) \| \nabla n \|_{L^2}^2 + C \| \nabla^2 u \|_{L^2}^2。
\end{aligned} \tag{4.55}
$$

利用方程（4.1）$_3$，有

$$Lu = m\dot{u} + \nabla P(m,n), \tag{4.56}$$

因此可以得到：

$$\|\nabla^2 u\|_{L^2} \leqslant C(\|\sqrt{m}\dot{u}\|_{L^2} + \|\nabla m\|_{L^2} + \|\nabla n\|_{L^2})。 \tag{4.57}$$

则由式（2.54）、式(2.67)、式(2.68）和式(2.70）可以得到：

$$\begin{aligned}&\frac{d}{dt}\int(|\nabla m|^2 + |\nabla n|^2)dx\\ &\leqslant C(\|\nabla u\|_{L^\infty} + 1)(\|\nabla m\|_{L^2}^2 + \|\nabla m\|_{L^2}^2) + C\|m\dot{u}\|_{L^2}^2\\ &\quad + C(\|\nabla m\|_{L^2}^2 + \|\nabla n\|_{L^2}^2)\\ &\leqslant C(\|\nabla u\|_{L^\infty} + 1)(\|\nabla m\|_{L^2}^2 + \|\nabla n\|_{L^2}^2) + C。\end{aligned} \tag{4.58}$$

利用 Gronwall 不等式，可得

$$\int(|\nabla m|^2 + |\nabla n|^2) \leqslant C。 \tag{4.59}$$

这样就证明了命题 4.3 的结论。■

由命题 4.4—4.5 的结论可以得到 $\|\nabla^2 u\|_{L^2}$ 的估计。

推论 4.3 在定理 4.2 以及假设条件式（4.17)下，则对任意的 $0 \leqslant T < T_1^*$ 有

$$\sup_{0\leqslant t\leqslant T}\|\nabla^2 u\|_{L^2} \leqslant C。 \tag{4.60}$$

最后给出（$\nabla m(x,t),\nabla n(x,t)$）的 L^q - 估计。

命题 4.4 在定理 4.2 以及假设条件（4.17）下，则有对 $q \in (3,6]$ 有

$$\sup_{t\in[0,T]}\|(\nabla m,\nabla n)\|_{L^q} \leqslant C, \tag{4.61}$$

对任意的 $0 \leqslant T < T_1^*$ 成立。

证明：方程（4.1）$_1$ 分别对 x_i 求导，两边再乘以 $q|\partial_i m|^{q-2}\partial_i m$，得到：

$$\begin{aligned}&\partial_{tm}|\partial_i|^q + \mathrm{div}(|\partial_i m|^q u) + (q-1)|\partial_i m|^q\mathrm{div}u + qm|\partial_i m|^{q-2}\partial_i m\partial_i\mathrm{div}u\\ &+ q|\partial_i m|^{q-2}\partial_i m\partial_i u\cdot\nabla m = 0。\end{aligned} \tag{4.62}$$

上述方程在 Ω 上积分并利用 Young 不等式，得到：

$$\begin{aligned}&\frac{d}{dt}\int|\nabla m|^q dx \leqslant C\|\nabla u\|_{L^\infty}\|\nabla m\|_{L^q}^q + C\|\nabla^2 u\|_{L^q}\|\nabla m\|_{L^q}^{q-1}\\ &\leqslant C\|\nabla u\|_{L^\infty}\|\nabla m\|_{L^q}^q + C\|\nabla^2 u\|_{L^q}^q + C\|\nabla m\|_{L^q}^q,\end{aligned} \tag{4.63}$$

同理有

$$\frac{d}{dt}\int |\nabla n|^q dx \leqslant C \| \nabla u \|_{L^\infty} \| \nabla n \|_{L^q}^q + C \| \nabla^2 n \|_{L^q} \| \nabla n \|_{L^q}^{q-1}$$

$$\leqslant C \| \nabla u \|_{L^\infty} \| \nabla n \|_{L^q}^q + C \| \nabla^2 u \|_{L^q}^q + C \| \nabla n \|_{L^q}^q。\tag{4.64}$$

利用 Young 不等式、式(1.15)、式(4.20) 和式 (4.41)，有

$$\begin{aligned}\| \sqrt{m}\dot{u} \|_{L^q} &\leqslant \| \sqrt{m}\dot{u} \|_{L^2}^{\frac{6-q}{2q}} \| \sqrt{m}\dot{u} \|_{L^6}^{\frac{3q-6}{2q}}\\ &\leqslant C + C \| \nabla\dot{u} \|_{L^2}^{\frac{3q-6}{L^2}}。\end{aligned}\tag{4.65}$$

结合式 (4.63)—(4.65) 并利用 Young 不等式,可得

$$\begin{aligned}\frac{d}{dt} &= (\| \nabla m \|_{L^q} + \| \nabla n \|_{L^q})\\ &\leqslant C(\| \nabla u \|_{L^\infty} + 1)(\| \nabla m \|_{L^q} + \| \nabla n \|_{L^q})\\ &\quad + C \| \nabla\dot{u} \|_{L^2}^{\frac{2q-6}{2q}}\\ &\leqslant (\| \nabla u \|_{L^\infty} + 1)(\| \nabla m \|_{L^q} + \| \nabla n \|_{L^q})\\ &\quad + C(\| \nabla\dot{u} \|_{L^2}^2 + 1)。\end{aligned}\tag{4.66}$$

则由式 (4.17) 和式 (4.41) 并利用 Gronwall 不等式,可得

$$\sup_{0\in[0,T]} \| (\nabla m,\nabla n) \|_{L^q(\Omega)} \leqslant C,\tag{4.67}$$

对任意的 $0 \leqslant T < T_1^*$ 成立。

综上所述,可得命题 4.4 的结论。■

结合引理 4.3、推论 4.1—4.4 以及命题 4.2—4.4 的结论则可以将强解 (m,n,u) 的范围拓展到 $t \geqslant T_1^* = T^*$ 以外。

事实上，根据引理 4.3、推论 4.1—4.4 以及命题 4.2—4.4 的结论，函数 $(m,n,u)|_{t=T^*} = \lim_{t\to T^*}(m,n,u)$ 在时间 $t = T^*$ 点满足初始条件式(1.7)—(1.9)。因此可以将 $(m,n,u)|_{t=T^*}$ 作为初始值再利用局部存在定理(定理 4.1)将局部解延拓到 T^* 以外。这与之前对 T^* 的假设矛盾。这样我们就完成了定理 4.2 Dirichlet 边界条件的证明。

(二)Navier-Slip 边界条件

接下来,这一小节考虑了 Navier-slip 边界条件式 (4.4)。首先给出如下能量估计。

命题 4.5　在定理 4.2 以及假设条件 (4.17) 下，则对任意的 $0 \leqslant T < T_1^*$ 有

$$\int m\ |u|^2 dx + \int_0^T \int_\Omega |\nabla u|^2 dxds \leqslant C。\tag{4.68}$$

证明：对方程$(4.1)_3$ 两边同时乘以 u 并在 Ω 上积分，注意到 $\Delta u = \nabla \mathrm{div} u - \nabla \times \mathrm{curl} u$、Navier-slip 边界条件以及式$(4.1)_1$，可以得到：

$$\frac{1}{2}\frac{d}{dt}\int m\ |u|^2 dx + \int \mu\ |\nabla \times u|^2 + (2\mu + \lambda)\ |\mathrm{div} u|^2 dx = \int P(m,n)\mathrm{div} u dx。\tag{4.69}$$

已知 Ω 是一个光滑的有界区域，利用边界条件式 (4.4) 有以下估计，即对任意的 $u \in H^1$ [60]：

$$\int_\Omega |\nabla u|^2 dx \leqslant C(\int_\Omega |\nabla \times (u)|^2 dx + \int_\Omega |\mathrm{div} u|^2 dx),\tag{4.70}$$

其中，在边界 $\partial\Omega$ 上有 $u \cdot \tilde{n} = 0$。利用式 (4.70)、$P(m,n) \leqslant C$ 以及 Cauchy 不等式，得到：

$$\frac{d}{dt}\int m\ |u|^2 dx + \int |\nabla u|^2 dx \leqslant \varepsilon \int |\nabla u|^2 dx + C(\varepsilon),\tag{4.71}$$

取 $\varepsilon = \dfrac{1}{2}$ 并利用定理 4.2 中的初值条件，有

$$\int_\Omega m\ |u|^2 dx + \int_0^t \int_\Omega |\nabla u|^2 dxds \leqslant C。\tag{4.72}$$

这样就完成了对命题 4.5 的证明。■

在下面的引理 2.19—2.20 中将给出 $u(x,t)$ 的高阶估计。

引理 4.5　在定理 4.2 以及假设条件式 (4.17) 下，则对任意的 $0 \leqslant T < T_1^*$ 有

$$\int (|\nabla u|^2 + |\nabla m|^2 + |\nabla n|^2) dx + \int_0^T \int m\ |\dot{u}|^2 dxds \leqslant C。\tag{4.73}$$

证明：方程 $(4.1)_1$ 两边同时乘以 $\dot{u}$ 并在 Ω 上积分，可得

$$\int m\,|\dot{u}|\,dx - \int (\mu\Delta u + (\mu + \lambda)\ \nabla \mathrm{div} u) \cdot u_t dx$$

$$= \int (u \cdot \nabla u) \cdot [(\mu\Delta + (\mu + \lambda)\ \nabla \mathrm{div} u] dx - \int (u \cdot \nabla u) \cdot \nabla(P(m,n)) dx$$

$$-\int u_t \cdot \nabla(P(m,n))dx, \tag{4.74}$$

注意到在边界 $\partial\Omega$ 上有 $u_t \cdot \tilde{n} = 0, \mathrm{curl}u_t \times \tilde{n} = 0$。类似于命题4.5 的证明并利用事实 $\Delta u = \nabla \mathrm{div}u - \nabla\times \mathrm{curl}u$，有

$$-\int(\mu\Delta u + (\mu+\lambda)\nabla \mathrm{div}u)\cdot u_t dx$$

$$=\int[\mu(\nabla\times \mathrm{curl}u)\cdot u_t - (2\mu+\lambda)(\nabla \mathrm{div}u \cdot \mathrm{div}u_t)]dx$$

$$=\int[\mu(\nabla\times u)\cdot(\nabla\times u_t) - (2\mu+\lambda)(\mathrm{div}u\cdot \mathrm{div}u_t)]dx$$

$$=\frac{1}{2}\frac{d}{dt}\int_\Omega[\mu|\nabla\times u|^2 + (2\mu+\lambda)(\mathrm{div}u)^2]dx。 \tag{4.75}$$

将式（4.75)代入到式（4.74）中，可以得到：

$$\frac{1}{2}\frac{d}{dt}\int_\Omega[\mu|\nabla\times u|^2 + (2\mu+\lambda)(\mathrm{div}u)^2]dx + \int_\Omega m|\dot{u}|^2 dx$$

$$=\int_\Omega(u\cdot\nabla u)\cdot[\mu\Delta u + (\mu+\lambda)\nabla \mathrm{div}u]dx - \int_\Omega(u\cdot\nabla u)\cdot\nabla P(m,n))dx$$

$$-\int_\Omega u_t\cdot\nabla(P(m,n))dx = \sum_{i=1}^{3} I_i, \tag{4.76}$$

首先有

$$I_1 = -\mu\int(u\cdot\nabla u)\cdot(\nabla\times \mathrm{curl}u)dx + (2\mu+\lambda)\int_\Omega(u\cdot\nabla u)\cdot(\nabla \mathrm{div}u)dx$$

$$=I_{11} + I_{12}。 \tag{4.77}$$

在估计 I_{11} 之前，首先介绍下面的事实：

$$u\times \mathrm{curl}u = \frac{1}{2}\nabla(|u|^2) - u\cdot\nabla u, \tag{4.78}$$

以及

$$\nabla\times(a\times b) = (b\cdot\nabla)a - (a\cdot\nabla)b + (\mathrm{div}b)a - (\mathrm{div}a)b, \tag{4.79}$$

利用分部积分、式(4.77)—(4.78)，有

$$|I_{11}| = \left|\mu\int(u\cdot\nabla u)\cdot(\nabla\times \mathrm{curl}u)dx\right|$$

$$=\left|\mu\int \mathrm{curl}u\cdot\nabla\times(u\cdot\nabla u)dx\right|$$

$$= \left|\mu\int \mathrm{curl}u \times (u \times \mathrm{curl}u)\,dx\right|$$

$$= \left|\mu\int \mathrm{curl}u \cdot \nabla u \cdot \mathrm{curl}u\,dx - \frac{1}{2}\int (\mathrm{curl}u)^2 \mathrm{div}u\,dx\right|$$

$$\leqslant C \|\nabla u\|_{L^\infty} \|\nabla u\|_{L^2}^2。 \tag{4.80}$$

为了证明 I_{12} 的估计,利用迹定理 $H^1(\Omega) \in L^r(\partial\Omega)(r = 2,4)$ 以及 Poincaré 不等式[61]，可得:

$$\|u\|_{L^2} \leqslant C \|\nabla u\|_{L^2}, \tag{4.81}$$

其中, $u \in H^1$ 并且在 $\partial\Omega$ 上有 $u \cdot \tilde{n} = 0$, 再利用 Cauchy 不等式,有

$$|I_{12}| = \left|\int (u \cdot \nabla u) \cdot (\nabla \mathrm{div}u)\,dx\right|$$

$$= \left|\int_{\partial\Omega} u^i \partial_i u^j \tilde{n}^j \mathrm{div}u\,dS - \int \nabla u : \nabla u^T \mathrm{div}u\,dx + \frac{1}{2}\int (\mathrm{div}u)^3 dx\right|$$

$$= \left|\int_{\partial\Omega} u^i \partial_i (u \cdot \tilde{n}) \mathrm{div}u\,dS - \int_{\partial\Omega} u^i u^j \partial_i \tilde{n}^j \mathrm{div}u\,dS - \int \nabla u : \nabla u^T \mathrm{div}u\,dx + \frac{1}{2}\int (\mathrm{div}u)^3 dx\right|$$

$$= \left|\int_{\partial\Omega} u^i u^j \partial_i \tilde{n}^j \mathrm{div}u\,dS - \int \nabla u : \nabla u^T \mathrm{div}u\,dx + \frac{1}{2}\int (\mathrm{div}u)^3 dx\right|$$

$$\leqslant C \|u\|_{L^4(\partial\Omega)}^2 \|\mathrm{div}u\|_{L^2(\partial\Omega)} + C \|\nabla u\|_{L^\infty} \|\nabla u\|_{L^2}^2$$

$$\leqslant C \|u\|_{H^1}^2 \|\nabla u\|_{L^2} + C \|\nabla u\|_{L^\infty} \|\nabla u\|_{L^2}^2$$

$$\leqslant C \|\nabla u\|_{L^2}^2 (\|\nabla u\|_{L^2} + \|\nabla^2 u\|_{L^2}) + C \|\nabla u\|_{L^\infty} \|\nabla u\|_{L^2}^2$$

$$\leqslant C(\varepsilon)(1 + \|\nabla u\|_{L^2}^4) + \varepsilon \|\nabla^2 u\|_{L^2}^2, \tag{4.82}$$

其中, $\varepsilon > 0$ 为待定的常数。结合式 (4.77)—(4.82), 可以得到:

$$I_1 = \int (u \cdot \nabla u) \cdot [\mu + (\mu + \lambda) \nabla \mathrm{div}u]\,dx$$

$$\leqslant \varepsilon \|\nabla^2 u\|_{L^2}^2 + C(\varepsilon)(1 + \|\nabla u\|_{L^2}^4) + C \|\nabla u\|_{L^\infty} \|\nabla u\|_{L^2}^2。 \tag{4.83}$$

同理, 利用式 (4.81)、Hölder 不等式以及 Young 不等式,有

$$|I_2| = \left|\int u \cdot \nabla u \cdot \nabla P\,dx\right|$$

$$= \left|\int_{\partial\Omega} u^i \partial_i u^j n_j P(m,n)\,dS - \int \partial_j u^i \partial_i u^j P(m,n)\,dx - \int u^i \partial_i \partial_j u^j P(m,n)\,dx\right|$$

$$= \left| \int_{\partial\Omega} u^i u^j \partial_i n_j P(m,n)dx + \int \partial_j u^i \partial_i u^j P(m,n)dx \right.$$

$$\left. - \int (\mathrm{div}u)^2 P(m,n)dx - \int u \cdot \nabla P(m,n)dx \right|$$

$$\leqslant C \| \nabla u \|_{L^2(\partial\Omega)}^2 + C \| \nabla u \|_{L^2}^2 + C\int |\nabla(m) + \nabla n||u||\mathrm{div}u|dx$$

$$\leqslant C \| \nabla u \|_{L^2}^2 + \| \nabla u \|_{L^3} \| u \|_{L^6}(\| \nabla m \|_{L^2} + \| \nabla n \|_{L^2})$$

$$\leqslant C \| \nabla u \|_{L^2}^2 + \| \nabla u \|_{L^\infty}^{\frac{1}{3}} \| \nabla u \|_{L^2}^{\frac{5}{3}}(\| \nabla m \|_{L^2} + \| \nabla n \|_{L^2})$$

$$\leqslant C + C(\| \nabla u \|_{L^\infty} + 1)[\| \nabla u \|_{L^2}^2 + \| \nabla u \|_{L^2}^2(\| \nabla m \|_{L^2}^2 + \| \nabla n \|_{L^2}^2)], \tag{4.84}$$

这里利用了事实:

$$\| u \|_{L^6} \leqslant C(\| u \|_{L^2} + \| \nabla u \|_{L^2}) \leqslant C \| \nabla u \|_{L^2}, \tag{4.85}$$

其中,$u \in H^1$ 并且在 $\partial\Omega$ 上有 $u \cdot \tilde{n} = 0$。利用式(4.85)、Hölder 不等式以及 Young 不等式,可得

$$I_3 = \int u_t \cdot \nabla P(m,n)dx$$

$$= \frac{d}{dt}\int P\mathrm{div}udx - \int P_t \mathrm{div}udx$$

$$= \frac{d}{dx}\int P\mathrm{div}udx - \int (P_m m_t + P_n n_t)\mathrm{div}udx$$

$$= \frac{d}{dx}\int P\mathrm{div}udx + \int [P_m \mathrm{div}(mu) + P_n \mathrm{div}(nu)]\mathrm{div}udx$$

$$= \frac{d}{dx}\int P\mathrm{div}udx + \int (mP_m + nP_n)(\mathrm{div}u)^2 dx + \int u \cdot \nabla P\mathrm{div}udx$$

$$\leqslant \frac{d}{dx}\int P\mathrm{div}udx + C \| \nabla u \|_{L^2}^2 + C\int |u||\nabla m + \nabla n||\mathrm{div}u|dx$$

$$\leqslant \frac{d}{dx}\int P\mathrm{div}udx + C \| \nabla u \|_{L^2}^2 + C \| \nabla u \|_{L^3} \| u \|_{L^6}(\| \nabla m \|_{L^2} + \| \nabla m \|_{L^2})$$

$$\leqslant \frac{d}{dx}\int P\mathrm{div}udx + C[\| \nabla u \|_{L^2}^2 + \| \nabla u \|_{L^\infty}^{\frac{1}{3}} \| \nabla u \|_{L^2}^{\frac{5}{3}}(\| \nabla m \|_{L^2} + \| \nabla m \|_{L^2})]$$

$$\leqslant \frac{d}{dx}\int P\mathrm{div}udx + C(\| \nabla u \|_{L^\infty} + 1) \| \nabla u \|_{L^2}^2$$

$$+C\|\nabla u\|_{L^2}^2(\|\nabla m\|_{L^2}^2+\|\nabla m\|_{L^2}^2)+C。\tag{4.86}$$

现在将式 (4.83)—(4.86)代入式 (4.76)，

$$\frac{d}{dt}\int(\mu|\nabla\times u|^2+(2\mu+\lambda)|\mathrm{div}u|^2)dx+\int m|\dot{u}|^2dx$$

$$\leqslant\frac{d}{dt}\int P(m,n)\mathrm{div}udx+\varepsilon\|\nabla^2u\|_{L^2}^2+C(\|\nabla u\|_{L^\infty}+\|\nabla u\|_{L^2}^2+1)\|\nabla u\|_{L^2}^2$$

$$+C\|\nabla u\|_{L^2}^2(\|\nabla m\|_{L^2}^2+\|\nabla m\|_{L^2}^2)+C(\varepsilon)。\tag{4.87}$$

我们还需要 $(\nabla m,\nabla n)$ 的 L^2 – 范数的估计，类似于命题 4.3 的证明，并利用方程 $(4.1)_1$，有

$$\partial_t|\partial_i m|^2+\mathrm{div}(|\partial_i m|^2u)+|\partial_i m|^2\mathrm{div}u+2\partial_i mm\partial_i\mathrm{div}u+2\partial_i m\partial_i u\cdot\nabla m=0,\tag{4.88}$$

同理可得

$$\partial_t|\partial_i n|^2+\mathrm{div}(|\partial_i n|^2u)+|\partial_i n|^2\mathrm{div}u+2\partial_i nn\partial_i\mathrm{div}u+2\partial_i n\partial_i u\cdot\nabla n=0。\tag{4.89}$$

结合式 (4.88)—(4.89)，再利用 Cauchy 不等式，可得

$$\frac{d}{dt}(\|\nabla m\|_{L^2}^2+\|\nabla m\|_{L^2}^2)\leqslant C(\|\nabla m\|_{L^2}^2+\|\nabla m\|_{L^2}^2)\|\nabla u\|_{L^\infty}$$

$$+\varepsilon\|\nabla^2u\|_{L^2}^2+C(\varepsilon)(\|\nabla m\|_{L^2}^2+\|\nabla m\|_{L^2}^2)。\tag{4.90}$$

结合式(4.90) 和式 (4.87) 得到：

$$\frac{d}{dt}\int(\mu|\nabla\times u|^2+(2\mu+\lambda)|\mathrm{div}u|^2+|\nabla m|^2+|\nabla n|^2)dx+\int m|\dot{u}|^2dx$$

$$\leqslant\frac{d}{dt}\int P(m,n)\mathrm{div}udx+\varepsilon\|\nabla^2u\|_{L^2}^2+C(\varepsilon)$$

$$+C(\|\nabla m\|_{L^2}^2+\|\nabla n\|_{L^2}^2+\|\nabla u\|_{L^2}^2)(\|\nabla u\|_{L^2}^2+\|\nabla u\|_{L^\infty}+1)。\tag{4.91}$$

利用 Lamé 方程在 Navier-slip 边界条件下的 $W^{2,2}$ – 估计(参见 Huang 等研究[64]中的引理 2.2—2.3 的证明)。

再由方程 $(4.1)_3$ 和引理 4.3—4.4 可以得到：

$$\|\nabla^2 u\|_{L^2}^2 \leqslant C(\|\mu\Delta u+(\lambda+\mu)\nabla \mathrm{div} u\|_{L^2}^2+\|\nabla u\|_{L^2}^2)$$

$$\leqslant C(\|\nabla u\|_{L^2}^2+\|m\dot{u}\|_{L^2}^2+\|\nabla P(m,n)\|_{L^2}^2)$$

$$\leqslant C(\|\nabla u\|_{L^2}^2+\|m\dot{u}\|_{L^2}^2+\|\nabla m\|_{L^2}^2+\|\nabla n\|_{L^2}^2), \tag{4.92}$$

将式（4.92）代入式（4.91），取 $\varepsilon>0$ 充分小，则

$$\frac{d}{dt}\int(\mu|\nabla u|^2+(2\mu+\lambda)|\mathrm{div} u|^2+|\nabla m|^2+|\nabla n|^2)dx+\int m|\dot{u}|^2dx$$

$$\leqslant \frac{d}{dt}\int P(m,n)\mathrm{div} u dx+C(\|\nabla m\|_{L^2}^2+\|\nabla n\|_{L^2}^2+\|\nabla u\|_{L^2}^2)(\|\nabla u\|_{L^2}^2$$

$$+\|\nabla u\|_{L^\infty}+1)+C, \tag{4.93}$$

应用 Gronwall 不等式，则有结论：

$$\int(|\nabla u|^2+|\nabla m|^2+|\nabla n|^2)dx\leqslant C, \tag{4.94}$$

并且有

$$\int_0^t\int m|\dot{u}|^2dxds\leqslant C。 \tag{4.95}$$

这样就完成了对引理 4.5 的证明。

引理 4.6 在定理 4.2 以及假设条件式（4.17）下，则对任意的 $0\leqslant T<T_1^*$ 有

$$\int_\Omega m|u_t|^2dx+\int_\Omega|\nabla^2u|^2dx+\int_0^t\int_\Omega|\nabla u_t|^2dxds\leqslant C。 \tag{4.96}$$

证明：方程（4.1）$_3$ 对时间 t 求导，可得

$$mu_{tt}+mu\cdot\nabla u_t-\mu\Delta u_t-(\mu+\lambda)\nabla \mathrm{div} u_t$$

$$=-\nabla P_t-m_tu_t-mu_t\cdot\nabla u-m_t\cdot\nabla u。 \tag{4.97}$$

对方程（4.76）两边乘以 u_t 并在 Ω 上积分，注意到在 $\partial\Omega$ 上有 $u_t\cdot\tilde{n}=0$ 以及 $\mathrm{curl} u_t\times\tilde{n}=0$，并利用引理 4.4—4.5，可得

$$\frac{1}{2}\frac{d}{dt}\int m|u_t|^2dx+\int(\mu|\nabla u_t|^2+(\lambda+\mu)|\mathrm{div} u_t|^2)dx$$

$$=\int P_t\mathrm{div} u_tdx-\int m(u_t\cdot\nabla u)\cdot u_tdx-\int mu\cdot\nabla(|u_t|^2+(u\cdot\nabla u)\cdot u_t)dx$$

$$\leqslant\int|P_mm_t+P_nn_t||\mathrm{div} u_t|dx+C\int|u_t|^2|\nabla u|dx+\int|u||u_t||\nabla u||\nabla u_t|dx$$

$$+\int|u||\nabla u|^2|u_t|dx+\int|u|^2|\nabla^2 u||u_t|dx+\int|u|^2|\nabla u||\nabla u_t|dx$$

$$\leqslant\int|P_m\mathrm{div}(mu)+P_n\mathrm{div}(nu)||\nabla u_t|+C\int|u_t|^2|\nabla u|dx$$

$$+\int|u||u_t||\nabla u||\nabla u_t|dx+\int|u||\nabla u|^2|u_t|dx+\int|u|^2|\nabla^2 u||u_t|dx$$

$$+\int|u|^2|\nabla u||\nabla u_t|dx$$

$$\leqslant\int[|\nabla u||\nabla u_t|+(|\nabla m|+|\nabla n|)|u|\nabla u_t]dx$$

$$+\int|u_t|^2|\nabla u|dx+\int|u||u_t||\nabla u||\nabla u_t|dx$$

$$+\int|u||\nabla u|^2|u_t|dx+\int|u|^2|\nabla^2 u||u_t|dx+\int|u|^2|\nabla u||\nabla u_t|dx$$

$$\leqslant C\int(|u||\nabla m+\nabla n|+|\nabla u|)|\nabla u_t|dx+C\int(m|u_t|^2|\nabla u|+m|u||u_t||\nabla u_t|)dx$$

$$+C\int(|u||u_t||\nabla u|^2+|u|^2|u_t||\nabla^2 u|+|u|^2|\nabla u||\nabla u_t|)dx$$

$$=\sum_{i=1}^{3}J_i。\tag{4.98}$$

利用式(4.81)、式(4.85)和 Cauchy 不等式，J_1—J_3 的估计如下：

$$J_1=\int(|u||\nabla m+\nabla n|+|\nabla u|)|\nabla u_t|dx$$

$$\leqslant C[\|\nabla u\|_{L^\infty}(\|\nabla m\|_{L^2}+\|\nabla n\|_{L^2})+\|\nabla u\|_{L^2}]\|\nabla u_t\|_{L^2}$$

$$\leqslant C\|\nabla u_t\|_{L^2}\|\nabla u\|_{H^1}$$

$$\leqslant\varepsilon\|\nabla u_t\|_{L^2}^2+C(\varepsilon)\|\nabla u\|_{H^1}^2,\tag{4.99}$$

$$J_2=\int(m|u_t|^2|\nabla u|+m|u||u_t||\nabla u_t|)dx$$

$$\leqslant C\|\sqrt{m}u_t\|_{L^2}\|u_t\|_{L^6}\|\nabla u\|_{L^3}+C\|u\|_{L^\infty}\|\sqrt{m}u_t\|_{L^2}\|\nabla u_t\|_{L^2}$$

$$\leqslant C\|\sqrt{m}u_t\|_{L^2}\|\nabla u_t\|_{L^2}\|\nabla u\|_{H^1}$$

$$\leqslant\varepsilon\|\nabla u_t\|_{L^2}^2+C(\varepsilon)\|\sqrt{m}u_t\|_{L^2}^2\|\nabla u\|_{H^1}^2,\tag{4.100}$$

$$J_3=\int(|u||u_t||\nabla u|^2+|u|^2|u_t||\nabla^2 u|+|u|^2|\nabla u||\nabla u_t|)dx$$

$$\leqslant\|u\|_{L^6}\|u_t\|_{L^6}\|\nabla u\|_{L^3}^2+C\|u\|_{L^3}\|u_t\|_{L^3}\|u_t\|_{L^6}\|\nabla^2 u\|_{L^2}$$

$$+C\|\nabla u_t\|_{L^2}(\|\nabla u\|_{L^2}\|\nabla u\|_{L^6}+\|\nabla^2 u\|_{L^2})$$

$$\leqslant \varepsilon\|\nabla u_t\|_{L^2}^2+C(\varepsilon)\|\nabla u\|_{H^1}^2。\tag{4.101}$$

通过式（4.97）—（4.100），以及事实 $\|\nabla u_t\|_{L^2}^2 \leqslant \|\nabla \mathrm{div} u_t\|_{L^2}^2 + \|\mathrm{curl} u\|_{L^2}^2$，并取 ε 充分小，则有

$$\frac{d}{dt}\int m|u_t|^2dx+\int|\nabla u_t|^2dx\leqslant C\|\nabla u\|_{H^1}^2\int m|u_t|^2dx+C\|\nabla u\|_{H^1}^2。\tag{4.102}$$

再利用 Gronwall 不等式有结论：

$$\int_\Omega m|u_t|^2dx+\int_\Omega|\nabla^2 u|^2dx+\int_0^t\int_\Omega|\nabla u_t|^2dxds\leqslant C。\tag{4.103}$$

这样我们就完成了对引理 4.6 的证明。■

最后，我们将证明 $[m(x,t),n(x,t)]$ 的高阶估计。

引理 4.7 在定理 4.2 以及假设条件式（4.17）下，对任意 $q\in(3,q]$，则

$$\sup_{0\leqslant t\leqslant T}\|(m,n)\|_{W^{1,q}}\leqslant C,\tag{4.104}$$

对任意的 $0\leqslant T<T_1^*$ 成立。

证明：类似于命题 4.7 的证明，我们有

$$\partial_t|\partial_i m|^q+\mathrm{div}(|\partial_i m|^q u)+(q-1)|\partial_i m|^q\mathrm{div}u+qm|\partial_i m|^{q-2}\partial_i m\partial_i\mathrm{div}u$$
$$+q|\partial_i m|^{q-2}\partial_i m\partial_i u\cdot\nabla m=0,\tag{4.105}$$

和

$$\partial_t|\partial_i n|^q+\mathrm{div}(|\partial_i n|^q u)+(q-1)|\partial_i n|^q\mathrm{div}u+qn|\partial_i n|^{q-2}\partial_i n\partial_i\mathrm{div}u$$
$$+q|\partial_i n|^{q-2}\partial_i n\partial_i u\cdot\nabla n=0。\tag{4.106}$$

定义 $G=(2\mu+\lambda)\mathrm{div}u-P(m,n)$，则有 $\nabla\mathrm{div}u=(\frac{1}{2\mu+\lambda})(\nabla G+\nabla P)$，利用 Young 不等式，有

$$\frac{d}{dt}(\|\nabla m\|_{L^q}+\|\nabla n\|_{L^q})$$
$$\leqslant C(\|\nabla u\|_{L^\infty}+1)\|\nabla m\|_{L^q}+C\|\nabla\mathrm{div}u\|_{L^q}$$
$$\leqslant C(\|\nabla u\|_{L^\infty}+1)\|\nabla m\|_{L^q}+C\|\nabla G+\nabla P\|_{L^q}$$
$$\leqslant C(\|\nabla u\|_{L^\infty}+1)(\|\nabla m\|_{L^q}+\|\nabla n\|_{L^q})+C\|\nabla G\|_{L^q},\tag{4.107}$$

这里利用了引理 4. 4 和式 (4. 76),通过计算可以得到:

$$\begin{aligned}\nabla G &= (\mu + \lambda)\nabla \mathrm{div}u - \nabla P + \mu \nabla \mathrm{div}u \\ &= mu_t + mu \cdot \nabla u - \mu \Delta u + \mu \nabla \mathrm{div}u \\ &= mu_t + mu \cdot \nabla u + \mu \nabla \mathrm{div}u,\end{aligned} \tag{4.108}$$

注意到边界条件式 (4. 4),在边界 $\partial\Omega$ 上有

$$(\nabla \times \mathrm{curl}u) \cdot \tilde{n} = 0, \tag{4.109}$$

可得

$$\begin{aligned}\nabla G \cdot \tilde{n}|_{\partial\Omega} &= mu \cdot \nabla u \cdot \tilde{n}|_{\partial\Omega} = mu_i \partial_i u^j \tilde{n}^j|_{\partial\Omega} \\ &= mu_i \partial_i u^j \tilde{n}^j|_{\partial\Omega} - mu_i \partial_i \tilde{n}^j u^j|_{\partial\Omega} \\ &= -m(u \cdot \nabla \tilde{n}) \cdot u|_{\partial\Omega}。\end{aligned} \tag{4.110}$$

通过式 (4. 107) 和式 (4. 109) ,有 G 满足方程:

$$\begin{cases}\Delta G = \mathrm{div}(mu_t + mu \cdot \nabla u), \\ \nabla G \cdot \tilde{n}|_{\partial\Omega} = -m(u \cdot \nabla \tilde{n}) \cdot u|_{\partial\Omega}。\end{cases} \tag{4.111}$$

利用椭圆方程 Neumann 问题的 L^p - 估计,有

$$\begin{aligned}\|\nabla G\|_{L^p} &\leqslant C(\|mu_t\|_{L^p} + \|u \cdot \nabla u\|_{L^p} + \|m|u|^2\|_{C(\overline{\Omega})}) \\ &\leqslant C(\|\nabla u_t\|_{L^2} + 1)。\end{aligned} \tag{4.112}$$

将式 (4. 112) 代入式 (4. 106) 并利用 Gronwall 不等式,有

$$\|(m,n)\|_{W^{1,q}} \leqslant C。 \tag{4.113}$$

则证明了引理 4. 7 的结论。 ■

类似于 Dirichlet 边界条件的证明,上述估计可以将解 (m,n,u) 延拓到 $t \geqslant T_1^* = T^*$ 以外。因此,式(4. 17) 的假设不成立,这样就完成了对定理 4. 2 的证明。

第五章 流体—质子交互模型（泡沫机制）最优收敛率

在本章中,主要讨论一种流体—质子交互模型(泡沫机制)在全空间 $\mathbb{R}^3$ 上的最优收敛率问题,其中初值在静态附近。本章的讨论基于线性化方程的 L^p-L^q 范数估计和能量方法。

第一节 主要定理

本章主要考虑三维流体—质子交互模型。该模型主要是用来描述一种分散在粘性可压流体中质子的发展。方程由流体的质量守恒，动量守恒和质子质量守恒方程组成:

$$\begin{cases}\rho_t+\operatorname{div}(\rho u)=0,\\(\rho u)_t+\operatorname{div}(\rho u\otimes u)+\nabla P(\rho)+\nabla\eta-\mu\Delta u-\lambda\nabla\operatorname{div}u=-(\eta+\beta\rho)\nabla\Phi,\\\eta_t+\operatorname{div}[\eta(u-\nabla\Phi)]-\Delta\eta=0,\end{cases}\tag{5.1}$$

其中,$(x,t)\in\mathbb{R}^3\times(0,T)$,未知变量 $\rho=\rho(t,x)$ 表示流体的密度,向量场 $u=u(t,x)=(u_1(t,x),u_2(t,x),u_3(t,x))$ 表示流体的速度,$\eta=\eta(t,x)$ 表示流体中质子的密度,$P(\rho)$ 表示压强并且压强满足:

$$P(\rho)=a\rho^{\gamma},\quad(a>0,\gamma>1),$$

粘性系数 λ、μ 满足：

$$\mu \geqslant 0, \lambda + \frac{2}{3}\mu \geqslant 0。$$

方程中 $\beta \neq 0$ 表示一个常数，$\Phi(x)$ 表示外力项。初值满足：

$$(\rho, u, \eta)\big|_{t=0} = (\rho_0, u_0, \eta_0) \to (\rho_\infty, 0, \eta_\infty), 当 |x| \to \infty, \tag{5.2}$$

其中，$(\rho_\infty, \eta_\infty)$ 为大于零的常数。

从形式上来讲，若 $\eta = 0$，系统（5.1）变成了带有外力项的等熵可压 Navier-Stokes 方程。所以有关模型（5.1）收敛率的研究与 Navier-Stokes 的研究息息相关。下面就让我们回顾有关等熵可压或者非等熵可压 Navier-Stokes 的一些相关研究结果。对于等熵可压 Navier-Stokes 方程在假设初值小扰动并且存在外力的前提下，Duan 等证明了 $L^p - L^q$ 的范数收敛率[69]，其中初始扰动的 L^p 范数有界，并且 $1 \leqslant p < \frac{6}{5}$。当 $p = \frac{6}{5}$ 时，Shibata、Tanaka 证明了非稳定流体收敛到稳定流[70]。Hoff 和 Zumbrun 证明了 Navier-Stokes 方程柯西问题解的渐进性行为[56]。Liu 和 Wang 研究了等熵粘性流体在 $\mathbb{R}^n(n \geqslant 2)$ 的最优衰减率问题[71]。后来，这一结论被 Kobayashi-Shibata[72] 和 Kagei-Kobayashi[73,74] 分别推广到了粘性热方程在外区域和半空间的情形，这里不需要初始条件的 L^1 范数在平衡态波动。当没有外力时，Matsumura-Nishida 研究了最优收敛率问题[75]。此外，当外力项 $F = -\nabla\Phi$ 时，Duan 等得到了初值在 L^1 范数小扰动并且外力小的条件下，非等熵可压 Navier-Stokes 解的最优收敛率[76]。更多有关带有外力项的最佳收敛率问题参见相关文献[77-79]。

现在回到对模型（5.1）的讨论，本章的主要目的是讨论稳态解的最优收敛率问题。我们的研究是基于静态解的存在性结果。因此，首先给出问题式（5.1）—（5.2）非线性静态解，然后结合线性化方程的 L^p—L^q 范数估计和加权的 L^2 范数估计，得到非线性化问题式（5.1）—（5.2）几种范数的最优收敛率。

在给出主要定理之前，我们首先对本章中的记号加以说明：

$$L^r = L^r(\mathbb{R}^3), \quad W^{k,r} = W^{k,r}(\mathbb{R}^3), \quad H^k = W^{k,2},$$

$$\int_{\mathbb{R}^3} f dx = \int f dx。$$

首先,利用 Duan 等的证明方法[76],给出下面解的存在性定理。

命题 5.1 存在常数 $C_0 > 0$ 以及 $\varepsilon_0 > 0$ 使得

$$\| \rho_0 - \rho_\infty, u_0, \eta_0 - \eta_\infty \|_{H^3} + \| \Phi \|_{H^5} \leqslant \varepsilon_0, \tag{5.3}$$

则初边值问题式 (5.1)—(5.2) 在稳态 $(\tilde{\rho}, 0, \tilde{\eta})$ 附近存在全局解 (ρ, u, η),满足:

$$\begin{aligned} &\rho - \tilde{\rho} \in C^0([0,\infty); H^3) \cap C^1([0,\infty); H^2), \\ &u, \eta - \tilde{\eta} \in C^0([0,\infty); H^3) \cap C^1([0,\infty); H^1) \end{aligned} \tag{5.4}$$

以及

$$\begin{aligned} &\| (\rho - \tilde{\rho}, u, \eta - \tilde{\eta})(t) \|_{H^3}^2 + \int_0^t (\| \nabla(\rho - \tilde{\rho}, u, \eta - \tilde{\eta})(s) \|_{H^2}^2 \\ &+ \| \nabla(u, \eta - \tilde{\eta})(s) \|_{H^3}^2) ds \\ &\leqslant C_0 \| (\rho_0 - \tilde{\rho}, u_0, \eta_0 - \tilde{\eta}) \|_{H^3}^2。 \end{aligned} \tag{5.5}$$

在命题 5.1 中, $(\tilde{\rho}, \tilde{u}, \tilde{\eta})(x)$ 是问题式 (5.1)—(5.2) 在 $(\rho_\infty, 0, \eta_\infty)$ 小邻域中的静态解(参见引理 5.4),满足形式:

$$\int_{\rho_\infty}^{\tilde{\rho}(x)} \frac{P'(\theta)}{\theta} d\theta + \beta \Phi(x) = 0, \quad \tilde{u} = 0, \quad \nabla \tilde{\eta} + \tilde{\eta} \nabla \Phi = 0。 \tag{5.6}$$

下面给出本章的主要定理。

定理 5.1 在命题 5.1 的假设条件下,存在常数 $C > 0$ 以及 $0 < \varepsilon_1 < \varepsilon_0$, 使得对任意的 $\varepsilon < \varepsilon_1$, 若初值 $(\rho_0, u_0, \eta_0)(x)$ 以及 $\Phi(x)$ 满足:

$$\| (\rho_0 - \rho_\infty, u_0, \eta_0 - \eta_\infty) \|_{H^3} + \| \Phi \|_{H^5} + \| \nabla \Phi \|_{W^{1,6/5}} \leqslant \varepsilon \tag{5.7}$$

以及

$$\rho_0 - \rho_\infty, u_0, \eta_0 - \eta_\infty \in L^1, \tag{5.8}$$

这时命题 5.1 中的解 $(\rho, u, \eta)(x, t)$ 满足下述估计:

$$\| (\rho - \tilde{\rho}, u, \eta - \tilde{\eta})(t) \|_{L^p} \leqslant C (1 + t)^{-\frac{3}{2}(1 - \frac{1}{p})}, \quad p \in [2, 6], \tag{5.9}$$

$$\| (\rho - \tilde{\rho}, u, \eta - \tilde{\eta})(t) \|_{L^\infty} \leqslant C (1 + t)^{-\frac{5}{4}}, \tag{5.10}$$

$$\| \nabla(\rho - \tilde{\rho}, u, \eta - \tilde{\eta}(t) \|_{H^2} \leqslant C (1 + t)^{-\frac{5}{4}}, \tag{5.11}$$

$$\|(\rho_t,u_t,\eta_t)(t)\|_{L^2}\leqslant C(1+t)^{-\frac{5}{4}},\tag{5.12}$$

其中所有的 $t\geqslant 0$。

注释 5.1 容易证明当 $\gamma\geqslant 1$ 并且 $a>0$ 时，$P(\rho)=a\rho^{\gamma}$ 是关的非减函数。一般而言，只需要 $P=P(\rho)$ 在 ρ_∞ 的邻域内是一个光滑函数并满足 $P_\infty(\rho_\infty)>0$ 即可。

第二节 静态解

静态解 $(\tilde{\rho},\tilde{\mu},\tilde{\eta})(x)$ 满足方程：

$$\begin{cases}\operatorname{div}(\tilde{\rho}\tilde{u})=0,\\ \tilde{\rho}\tilde{u}\cdot\nabla\tilde{u}+\nabla P(\tilde{\rho})+\nabla\tilde{\eta}-\mu\Delta\tilde{u}-\lambda\nabla\operatorname{div}\tilde{u}=-\tilde{\eta}\nabla\Phi-\beta\tilde{\rho}\nabla\Phi,\\ \operatorname{div}(\tilde{\eta}\tilde{u})-\operatorname{div}(\tilde{\eta}\nabla\Phi)-\nabla\tilde{\eta}=0.\\ (\tilde{\rho},\tilde{\mu},\tilde{\eta})=(\rho_\infty,0,\eta_\infty)\quad 当\ |x|\to\infty,\end{cases}\tag{5.13}$$

其中，ρ_∞ 和 η_∞ 为式（5.2）中给出的常数。通过下面的引理给出方程（5.13）静态解的存性。

引理 5.1 若 $\Phi(x)\in H^l(l\leqslant 5)$，则式(5.13)存在解 $(\tilde{\rho}(x),0,\tilde{\eta}(x))$ 满足：

$$\|(\tilde{\rho}-\rho_\infty,\tilde{\eta}-\eta_\infty)\|_{H^l}\leqslant\|\Phi\|_{H^l},\quad l\leqslant 5。\tag{5.14}$$

其中，$(\tilde{\rho}(x),\tilde{\eta}(x))$ 满足：

$$\int_{\rho_\infty}^{\tilde{\rho}(x)}\frac{P'(\theta)}{\theta}d\theta+\beta\Phi=0,\quad\nabla\tilde{\eta}+\tilde{\eta}\nabla\Phi=0。\tag{5.15}$$

证明：方程（5.13）$_1$ 两边乘以 $\int_{\rho_\infty}^{\tilde{\rho}(x)}\frac{P'\theta}{\theta}d\theta$ 并在 $\mathbb{R}^3$ 上积分，可得

$$0=\int\operatorname{div}(\tilde{\rho}\tilde{u})\int_{\rho_\infty}^{\tilde{\rho}(x)}\frac{P'(\theta)}{\theta}d\theta dx=-\int P_\rho(\tilde{\rho})\tilde{u}\cdot\nabla\tilde{\rho}dx=-\int\tilde{u}\cdot\nabla P(\tilde{\rho})dx。\tag{5.16}$$

方程 (5.13)$_2$ 两边乘以 $\tilde{u}$ 并在 $\mathbb{R}^3$ 上积分，利用分部积分,可得

$$\int(\mu\ |\nabla\tilde{u}|^2+\lambda\ |\mathrm{div}\tilde{u}|^2)dx+\int\tilde{u}\cdot\nabla\tilde{\eta}dx+\int\tilde{\eta}\ \nabla\Phi\cdot\tilde{u}dx$$

$$=-\int\tilde{\rho}(\tilde{u}\cdot\nabla)\tilde{u}\cdot\tilde{u}dx-\int\tilde{u}\cdot\nabla P(\tilde{\rho})dx-\beta\int\tilde{\rho}\ \nabla\Phi\cdot\tilde{u}dx, \tag{5.17}$$

再利用分部积分、方程 (5.13)$_1$ 和方程 (5.13)$_3$ 并注意到式 (5.16)，有

$$\begin{aligned}&\int(\mu\ |\nabla\tilde{u}|^2+\lambda\ |\mathrm{div}\tilde{u}|^2)dx\\&=-\int\tilde{u}\cdot\nabla\tilde{\eta}dx+\int\Phi\mathrm{div}(\tilde{\eta}\tilde{u})dx\\&=-\int\tilde{u}\cdot\nabla\tilde{\eta}dx+\int\mathrm{div}(\tilde{\eta}\ \nabla\Phi)\Phi dx+\int\Delta\tilde{\eta}\Phi dx\\&=-\int\tilde{u}\cdot\nabla\tilde{\eta}dx-\int\tilde{\eta}\ (\nabla\Phi)^2dx-\int\nabla\tilde{\eta}\cdot\nabla\Phi dx。\end{aligned} \tag{5.18}$$

为了处理式 (5.18)右边的项,对式 (5.13)$_3$ 两边乘以 $\int_{\eta_\infty}^{\tilde{\eta}(x)}\frac{1}{\theta}d\theta$, 可以得到：

$$\begin{aligned}&\int\mathrm{div}(\tilde{\eta}\tilde{u})\int_{\eta_\infty}^{\tilde{\eta}(x)}\frac{1}{\theta}d\theta dx-\int\mathrm{div}(\tilde{\eta}\ \nabla\Phi)\int_{\eta_\infty}^{\tilde{\eta}(x)}\frac{1}{\theta}d\theta dx\\&-\int\Delta\tilde{\eta}\int_{\eta_\infty}^{\tilde{\eta}(x)}\frac{1}{\theta}d\theta dx=0,\end{aligned} \tag{5.19}$$

再次利用分部积分,可得

$$\int\tilde{u}\cdot\nabla\tilde{\eta}dx=\int\nabla\Phi\cdot\nabla\tilde{\eta}dx+\int\frac{(\nabla\tilde{\eta})^2}{\tilde{\eta}}dx, \tag{5.20}$$

将式 (5.20) 代入式 (5.18)，得到：

$$\int(\mu\ |\nabla\tilde{u}|^2+\int\lambda\ |\mathrm{div}\tilde{u}|^2)dx+\int\left(\frac{\nabla\tilde{\eta}}{\sqrt{\tilde{\eta}}}+\sqrt{\tilde{\eta}}\ \nabla\Phi\right)^2dx=0。 \tag{5.21}$$

则有结论：

$$\tilde{u}=0,\quad \nabla\tilde{\eta}+\tilde{\eta}\ \nabla\Phi=0。 \tag{5.22}$$

最后将式 (5.22) 代入到方程 (5.13)$_2$，能够得到：

$$\left\{\int_{\rho_\infty}^{\tilde{\rho}(x)}\frac{P'(\theta)}{\theta}d\theta+\beta\Phi\right\}_{x_i}=0。 \tag{5.23}$$

引理 5.1 证明完毕。 ■

注释5.2 由 $(\tilde{\rho},\tilde{\eta})(x)$ 在式（5.22）—（5.23）中的表达式知道：

$$\|\tilde{\rho}-\rho_\infty\|_{H^l}+\|\tilde{\eta}-\eta_\infty\|_{H^l}\leqslant C\|\Phi\|_{H^l},\quad 0\leqslant l\leqslant 5,\tag{5.24}$$

$$\|\nabla\tilde{\rho}\|_{W^{1,6/5}}+\|\nabla\tilde{\eta}\|_{W^{1,6/5}}\leqslant C\|\nabla\Phi\|_{W^{1,6/5}},\tag{5.25}$$

则由定理5.2、式(5.7)结合式（5.24）以及式（5.25）蕴含：

$$\|\tilde{\rho}-\rho_\infty\|_{H^5}+\|\tilde{\eta}-\eta_\infty\|_{H^5}+\|\nabla\tilde{\rho}\|_{W^{1.6/5}}+\|\nabla\tilde{\eta}\|_{W^{1.6/5}}\leqslant C\varepsilon。\tag{5.26}$$

第三节　基本引理

这一节将给出一些基本的不等式。

引理5.2 设 $\Omega\in\mathbb{R}^3$ 为任意的光滑区域，则有结论：

（1）对函数 $f\in W^{m,p}(\Omega)$ 有

$$\|f\|_{C^0(\bar{\Omega})}\leqslant C\|f\|_{W^{m,p}(\Omega)},\tag{5.27}$$

其中，$(m-1)p<3<mp$。

（2）对函数 $f\in H^1(\Omega)$ 和任意的 $p\in[2,6]$ 有

$$\|f\|_{L^p(\Omega)}\leqslant C\|f\|_{H^1(\Omega)}。\tag{5.28}$$

引理5.3 设 $\Omega\in\mathbb{R}^3$ 为全空间 $\mathbb{R}^3$ 或半空间 $\mathbb{R}^3_+$ 或者是具有光滑边界的外区域，则有结论：

（1）对函数 $f\in H^1(\Omega)$ 有

$$\|f\|_{L^6(\Omega)}\leqslant C\|\nabla f\|_{L^2(\Omega)}。\tag{5.29}$$

（2）对函数 $f\in H^2(\Omega)$ 有

$$\|f\|_{C^0(\bar{\Omega})}\leqslant C\|f\|_{W^{1,p}(\Omega)}\leqslant C\|\nabla f\|_{H^1(\Omega)}。\tag{5.30}$$

引理5.4 设 $r_1>1$ 和 $r_2\in[0,r_1]$，则有

$$\int_0^t(1+t-s)^{-r_1}(1+s)^{-r_2}ds\leqslant C_1(r_1,r_2)(1+t)^{-r_2},\tag{5.31}$$

其中，$C_1(r_1,r_2)=C_1(r_1,r_2)=\dfrac{2^{r_2+1}}{r_1-1}$。

第四节　线性化方程

在这一节中，设

$$\rho'(t,x)=\rho(t,x)-\tilde{\rho}(x),\quad u'(t,x)=u(t,x),\quad \eta'(t,x)=\eta(t,x)-\tilde{\eta}(x),$$

$$\bar{\rho}(x)=\tilde{\rho}(x)-\rho_\infty,\quad \bar{\eta}(x)=\tilde{\eta}(x)-\eta_\infty。\tag{5.32}$$

方程（5.1）可以改写为

$$\begin{cases}\partial_t\rho'+\rho_\infty\mathrm{div}u'=F'_1,\\ \partial_t u'-\dfrac{\mu}{\rho_\infty}\Delta u'-\dfrac{\lambda}{\rho_\infty}\nabla\mathrm{div}u'+\dfrac{P'(\rho_\infty)}{\rho_\infty}\nabla\rho'+\dfrac{1}{\rho_\infty}\nabla\eta'=F'_2,\\ \partial_t\eta'-\Delta\eta'+\eta_\infty\mathrm{div}u'=F'_3,\end{cases}\tag{5.33}$$

其中，

$$F'_1=-\mathrm{div}(\rho'u')-\mathrm{div}(\bar{\rho}u'),$$

$$\begin{aligned}F'_2=&-(u'\cdot\nabla)u'+\left(\frac{\mu}{\rho}-\frac{\mu}{\rho_\infty}\right)\Delta u'+\left(\frac{\lambda}{\rho}-\frac{\lambda}{\rho_\infty}\right)\nabla\mathrm{div}u'\\ &+\left(\frac{P'(\rho_\infty)}{\rho_\infty}\nabla\rho'-\frac{1}{\rho}\nabla P(\rho)-\beta\nabla\Phi\right)\\ &+\left(\frac{1}{\rho_\infty}\nabla\eta'-\frac{1}{\rho}\nabla\eta-\frac{1}{\rho}\eta\nabla\Phi\right),\end{aligned}$$

以及

$$F'_3=-\mathrm{div}(\bar{\eta}u')-\mathrm{div}(\eta'u')+\mathrm{div}\left(\frac{\eta'}{\tilde{\eta}}\nabla\bar{\eta}\right)。$$

利用式（5.6），F'_2 的后两项可以变形：

$$\begin{aligned}&\frac{P'(\rho_\infty)}{\rho_\infty}\nabla\rho'-\frac{1}{\rho}\nabla P(\rho)-\beta\nabla\Phi\\ =&\frac{P'(\rho_\infty)}{\rho_\infty}\nabla\rho'-\frac{P'(\rho)}{\rho}\nabla\rho+\frac{P'(\tilde{\rho})}{\tilde{\rho}}\nabla\tilde{\rho}\\ =&\frac{P'(\rho_\infty)}{\rho_\infty}\nabla\rho'-\frac{P'(\rho)}{\rho}\nabla\rho+\frac{P'(\rho)}{\rho}\nabla\tilde{\rho}-\frac{P'(\rho)}{\rho}\nabla\tilde{\rho}+\frac{P'(\rho)}{\rho}\nabla\tilde{\rho}\end{aligned}$$

$$=\left(\frac{P'(\rho_\infty)}{\rho_\infty}-\frac{P'(\rho)}{\rho}\right)\nabla\rho'-\left(\frac{P'(\rho)}{\rho}-\frac{P'(\tilde{\rho})}{}\right)\nabla\tilde{\rho},$$

注意到 $-\tilde{\eta}\,\nabla\Phi=\nabla\tilde{\eta}$，得到：

$$\frac{1}{\rho_\infty}\nabla\eta'-\frac{1}{\rho}\nabla\eta-\frac{\eta}{\rho}\nabla\Phi$$

$$=\frac{1}{\rho_\infty}\nabla\eta'-\frac{1}{\rho}\nabla\eta+\frac{1}{\rho}\nabla\tilde{\eta}-\frac{1}{\rho}\nabla\tilde{\eta}+\frac{\eta\,\nabla\tilde{\eta}}{\rho\tilde{\eta}}$$

$$=\left(\frac{1}{\rho_\infty}-\frac{1}{\rho}\right)\nabla\eta'-\left(\frac{1}{\rho}-\frac{\eta}{\rho\tilde{\eta}}\right)\nabla\tilde{\eta}。$$

则有

$$F'_2=-(u'\cdot\nabla)u'+\left(\frac{P'(\rho_\infty)}{\rho_\infty}-\frac{P'(\rho'+\tilde{\rho})}{\rho'+\tilde{\rho}}\right)\nabla\rho'-\left(\frac{P'(\rho'+\tilde{\rho})}{\rho'+\tilde{\rho}}-\frac{P'(\tilde{\rho})}{}\right)\nabla\bar{\rho}$$

$$+\left(\frac{1}{\rho_\infty}-\frac{1}{\rho'+\tilde{\rho}}\right)\nabla\eta'+\frac{(\rho'+\tilde{\rho})\tilde{\eta}}{}\nabla\bar{\eta}+\left(\frac{\mu}{\rho'+\tilde{\rho}}-\frac{\mu}{\rho_\infty}\right)\nabla u'$$

$$+\left(\frac{\lambda}{\rho'+\tilde{\rho}}-\frac{\lambda}{\rho_\infty}\right)\nabla\mathrm{div}u'。$$

定义

$$\sigma(t,x)=\rho'(t,x),w(t,x)=\frac{\rho_\infty}{(P'(\rho_\infty))^{\frac{1}{2}}}u'(t,x)。$$

$$z(t,x)=\sqrt{\frac{\rho_\infty}{\eta_\infty P'(\rho_\infty)}}\eta'(t,x),$$

$$\mu_1=\frac{\mu}{\rho_\infty},\mu_2=\frac{\lambda}{\rho_\infty},\kappa=\sqrt{P'(\rho_\infty)},\nu=\sqrt{\frac{\eta_\infty}{\rho_\infty}}。$$

线性化方程（5.1）—(5.2）可以改写为

$$\begin{cases}\sigma_t+\kappa\mathrm{div}w=F_1,\\ w_t-\mu_1\Delta w-\mu_2\nabla\mathrm{div}w+\kappa\nabla\sigma+\nu\nabla z=F_2,\\ z_t-\Delta z+\nu\mathrm{div}w=F_3,\end{cases}\tag{5.34}$$

初始条件为

$$(\sigma,w,z)(0,x)=(\sigma_0,w_0,z_0)(x)\to(0,0,0),\ 当|x|\to\infty,\tag{5.35}$$

其中，$F_1 = F'_1, F_2 = \frac{\rho_\infty}{(P'(\rho_\infty))^{\frac{1}{2}}} F'_2, F_3 = \sqrt{\frac{\rho_\infty}{\eta_\infty P'(\rho_\infty)}} F'_3$ 并有

$$
\begin{aligned}
&(\sigma_0, w_0, z_0)(x) \\
&= \left(\rho_0(x) - \tilde{\rho}(x), \frac{\rho_\infty}{(P'(\rho_\infty))^{\frac{1}{2}}} u_0(x), \sqrt{\frac{\rho_\infty}{\eta_\infty P'(\rho_\infty)}} (\eta_0(x) - \tilde{\eta}(x)) \right)
\end{aligned} \tag{5.36}
$$

正如 Kobayshi 和 Shibata、Duan 等的表示方法[72,76]，$U = (\sigma, w, z)$，$F(U) = (F_1, F_2, F_3)(U)$，用来表示 5 × 5 矩阵算子

$$
\mathbb{A} = \begin{pmatrix} 0 & \kappa \mathrm{div} & 0 \\ \kappa \nabla & -\mu_1 \Delta - \mu_2 \nabla \mathrm{div} & \nu \nabla \\ 0 & \nu \nabla & -\Delta \end{pmatrix}, \tag{5.37}
$$

线性算子 $\mathbb{A}$ 半群为

$$
E(t) = e^{-t\mathbb{A}}, \quad t \geqslant 0。 \tag{5.38}
$$

则方程（5.34）可以写成：

$$
\begin{cases} U_t + \mathbb{A} U = F(U) & (t, x) \in (0, \infty) \times \mathbb{R}^3, \\ U(0) = U_0, & x \in \mathbb{R}^3, \end{cases} \tag{5.39}
$$

则有

$$
U(t) = E(t) U_0 + \int_0^t E(t-s) F(U)(s) ds, \quad t \geqslant 0。 \tag{5.40}
$$

Kobayashi 和 Shibata 证明了线性化方程的 $L^p - L^q$ 估计[72]（见引理 5.5）。

引理 5.5 令 $l \geqslant 0$ 和 $m \geqslant 0$ 为正整数，并且 $1 \leqslant q \leqslant 2 \leqslant p < \infty$，则对任意的 $t > 0$ 有

$$
\begin{aligned}
&\| \partial_t^m \nabla^l E(t) U_0 \|_{L^p} \\
&\leqslant C(m, l, p, q)(1+t)^{-\frac{3}{2}(\frac{1}{q} - \frac{1}{p}) - \frac{m+l}{2}} \| U_0 \|_{L^q} \\
&\quad + C(m, l, p, q) e^{-ct} [t^{-\frac{n_1}{2}} \| \sigma_0 \|_{W^{(2m+l-n_1-1)^+, p}} + \| \sigma_0 \|_{W^{l, p}} \\
&\quad + C(m, l, p, q) e^{-ct} [t^{-\frac{n_2}{2}} \| (w_0, z_0) \|_{W^{(2m+l-n_2)^+, p}} + \| (w_0, z_0) \|_{W^{(l-1)^+, p}}],
\end{aligned}
$$

其中，$n_1 \geqslant 0$ 以及 $n_2 \geqslant 0$ 为正整数，C 为大于零的常数，当 $k \geqslant 0$ 时 $(k)^+ = k$。特别地，

$$\| \nabla^l E(t) U_0 \|_{L^2} \leqslant C(l)\ (1+l)^{-\frac{3}{4}-\frac{l}{2}} (\| U_0 \|_{L^1} + \| U_0 \|_{H^l})$$

以及

$$\| \partial_t E(t) U_0 \|_{L^2} \leqslant C\ (1+t)^{-\frac{5}{4}} [\| U_0 \|_{L^1} + (1+t^{-\frac{1}{2}})\ \| U_0 \|_{H^1}]。$$

第五节　基本估计

在这一节中将给出一些基本的能量估计。在给出基本估计之前为了简便起见,给出 F_1—F_3 的等价形式:

$$F_1 \sim \partial_i \sigma w^i + \sigma \partial_i w^i + \partial_i \bar{\rho} w^i + \bar{\rho} \partial_i w^i,$$

$F_2^j \sim w^i \partial_i w^j + \sigma \partial_i \partial_i w^j + \bar{\rho} \partial_i \partial_i w^j + \sigma \partial_j \partial_i w^i + \bar{\rho} \partial_j \partial_i w^i + \sigma \partial_j \sigma + \bar{\rho} \partial_j z + \sigma \partial_j z + z \partial_j \bar{\eta} + \sigma \partial_j \bar{\rho} F_3 \sim z \partial_i w^i + w^i \partial_i z + w^i \partial_i \bar{\eta} + \bar{\eta} \partial_i w^i + z\ (\nabla \bar{\eta})^2 + \partial_i z \partial_i \bar{\eta} + z \Delta \bar{\eta}$。

基于线性化方程解的 L^p—L^q 估计,可以给出下面的引理:

引理 5.6　在定理 5.1 的假设条件下, $U = (\sigma, w, z)$ 为线性化方程 (5.34)—(5.36) 的解, 则有

$$\| \nabla U(t) \|_{L^2} \leqslant CE_0\ (1+t)^{-\frac{5}{4}} + C\varepsilon \int_0^t (1+t-s)^{-\frac{5}{4}}\ \| \nabla U(s) \|_{H^2} ds, \tag{5.41}$$

其中, $E_0 = \| U_0 \|_{H^3 \cap L^1}$。

证明:利用引理 5.5 和式 (5.40), 得到:

$$\begin{aligned} &\| \nabla U(t) \|_{L^2} \leqslant CE_0\ (1+t)^{-\frac{5}{4}} \\ &+ C \int_0^t (1+t-s)^{-\frac{5}{4}} (\| F(U)(s) \|_{L^1} + \| F(U)(s) \|_{H^1}) ds. \end{aligned} \tag{5.42}$$

再利用 F_1—F_3 的等价形式、Hölder 不等式、命题 5.1、引理 5.2 以及式 (5.26), 有

$$\begin{aligned} &\| F_1(U)(t) \|_{L^1} \\ \leqslant &C(\| \nabla \sigma(t) \|_{L^2} \| w(t) \|_{L^2} + \| \sigma(t) \|_{L^2} \| \nabla w(t) \|_{L^2} \\ &+ \| \nabla \bar{\rho} \|_{L^{\frac{6}{5}}} \| w(t) \|_{L^6} + \| \bar{\rho} \|_{L^2} \| \nabla w(t) \|_{L^2}) \end{aligned}$$

$$\leqslant C(\|U(t)\|_{L^2}+\|\bar{\rho}\|_{L^2})\|\nabla U(t)\|_{L^2}$$

$$\leqslant C\varepsilon\|\nabla U(t)\|_{H^1},$$

$$\|F_2(U)(t)\|_{L^1}$$

$$\leqslant C(\|w(t)\|_{L^2}\|\nabla w(t)\|_{L^2}+\|\sigma(t)\|_{L^2}\|\nabla w(t)\|_{H^1}$$

$$+\|\bar{\rho}\|_{L^2}\|\nabla w\|_{H^1}+\|\sigma\|_{L^2}\|\nabla w\|_{H^1}$$

$$+\|\bar{\rho}\|_{L^2}\|\nabla w(t)\|_{H^1}+\|\sigma(t)\|_{L^2}\|\nabla\sigma(t)\|_{L^2}+\|\bar{\rho}\|_{L^2}\|\nabla\sigma(t)\|_{L^2}$$

$$+\|\sigma(t)\|_{L^2}\|\nabla z(t)\|_{L^2}\|\nabla\bar{\eta}\|_{L^{\frac{6}{5}}}\|z(t)\|_{L^6}+\|\nabla\bar{\rho}\|_{L^{\frac{6}{5}}}\|\sigma(t)\|_{L^6})$$

$$\leqslant C(\|U(t)\|_{L^2}+\|\bar{\rho}\|_{L^2})\|\nabla U(t)\|_{H^1}$$

$$+C(\|\nabla\bar{\eta}\|_{L^{\frac{6}{5}}}+\|\nabla\bar{\rho}\|_{L^{\frac{6}{5}}})\|\nabla U(t)\|_{L^2}$$

$$\leqslant C\varepsilon\|\nabla U(t)\|_{H^1},$$

$$\|F_3(U)(t)\|_{L^1}$$

$$\leqslant C(\|\nabla w(t)\|_{L^2}\|z(t)\|_{L^2}+\|w(t)\|_{L^2}\|\nabla z(t)\|_{L^2}+\|w(t)\|_{L^6}\|\nabla\bar{\eta}\|_{L^{\frac{6}{5}}}$$

$$+\|\bar{\eta}\|_{L^2}\|\nabla w(t)\|_{L^2}+\|z(t)\|_{L^6}\|\nabla\bar{\eta}\|_{L^\infty}\|\nabla\bar{\eta}\|_{W^{1,\frac{6}{5}}}$$

$$+\|\nabla\bar{\eta}\|_{L^2}\|\nabla z(t)\|_{L^2}+\|z(t)\|_{L^6}\|\nabla^2\bar{\eta}\|_{L^{\frac{6}{5}}})$$

$$\leqslant C(\|U(t)\|_{L^2}+\|\nabla\bar{\eta}\|_{L^2})(\|\nabla U(t)\|_{H^1}+C\|\nabla\bar{\eta}\|_{L^{\frac{6}{5}}}$$

$$+\|\nabla\bar{\eta}\|_{L^\infty}\|\nabla\bar{\eta}\|_{L^{\frac{6}{5}}}+\|\nabla\bar{\eta}\|_{W^{1,\frac{6}{5}}})\|\nabla U(t)\|_{L^2}$$

$$\leqslant C\varepsilon\|\nabla U(t)\|_{H^1},$$

$$\|F_1(U)(t)\|_{H^1}$$

$$\leqslant C(\|U(t)\|_{W^{1,\infty}}+\|\bar{\rho}\|_{W^{1,\infty}})\|\nabla U(t)\|_{H^2}$$

$$+C\|\nabla\bar{\rho}\|_{H^1}\|U(t)\|_{L^\infty}+C\|\sigma(t)\|_{W^{1,\infty}}\|\nabla w(t)\|_{L^\infty}\|\nabla w(t)\|_{H^1}$$

$$\leqslant C(\|\nabla U(t)\|_{H^2}+\|\bar{\rho}\|_{H^2})\|\nabla U(t)\|_{H^2}$$

$$+C\|\nabla\bar{\rho}\|_{H^1}\|\nabla U(t)\|_{H^1}+C\|\nabla\sigma(t)\|_{H^2}\|\nabla^2 w(t)\|_{H^1}\|\nabla w(t)\|_{H^1}$$

$$\leqslant C\varepsilon\|\nabla U(t)\|_{H^2},$$

$$\|F_2(U)(t)\|_{H^1}$$

$$\leqslant C(\|U(t)\|_{W^{1,\infty}}+\|\bar{\rho}\|_{W^{1,\infty}})\|\nabla U(t)\|_{H^2}$$

$$+C\|U(t)\|_{W^{1,\infty}}(\|\bar{\rho}\|_{H^2}+\|\nabla\bar{\eta}\|_{H^1})$$

$$\leqslant C(\|\nabla U(t)\|_{H^2}+\|\bar{\rho}\|_{H^2})\|\nabla U(t)\|_{H^2}$$

$$+C(\|\nabla\bar{\rho}\|_{H^1}+\|\nabla\bar{\eta}\|_{H^1})\|\nabla U(t)\|_{H^1}$$

$$\leqslant C\varepsilon\|\nabla U(t)\|_{H^2}$$

和

$$\|F_3(U)(t)\|_{H^1}$$

$$\leqslant C\|U(t)\|_{W^{1,\infty}}(\|\nabla U(t)\|_{H^1}+\|\nabla\bar{\eta}\|_{H^2}+\|\nabla\bar{\eta}\|_{L^4}^2)$$

$$+C\|\bar{\eta}\|_{W^{1,\infty}}\|\nabla U(t)\|_{H^1}+C\|z(t)\|_{L^\infty}\|\nabla\bar{\eta}\|_{L^\infty}\|\nabla\bar{\eta}\|_{H^1}$$

$$+C\|\nabla z(t)\|_{H^1}\|\nabla\bar{\eta}\|_{H^1}$$

$$\leqslant C\varepsilon\|\nabla U(t)\|_{H^2}。$$

因此结合上述估计可以得到式（5.41）成立。这样就证明了引理 5.6 的结论。 ■

下面的引理将在引理 5.6 中估计的基础上得到加权的 L^2 - 估计。

引理 5.7 在定理 5.2 的假设条件下，$U=(\sigma,w,z)$ 是线性化方程 (5.34)—(5.36) 的解，若 $\varepsilon>0$ 充分小，则有

$$\int_0^t(1+s)^k\|\nabla U(s)\|_{L^2}^{2n}ds\leqslant(CE_0)^{2n}+(C\varepsilon)^{2n}\int_0^t(1+s)^k\|\nabla^2U(s)\|_{H^1}^{2n}ds,\tag{5.43}$$

其中，$k=0,1,\cdots,N=[\frac{5n}{2}-2]$，常数 E_0 如引理 5.6 给定。

证明：对式（5.41）作用 $2n$ 次方，并乘以 $(1+t)^k,k=0,1,\cdots,N$，再对不等式在 $[0,t]$ 上积分，利用 Hölder 不等式以及引理 5.3，得到：

$$\int_0^t(1+\tau)^k\|\nabla U(\tau)\|_{L^2}^{2n}ds$$

$$\leqslant(CE_0)^{2n}\int_0^t(1+\tau)^{-(\frac{5}{2}n-k)}d\tau$$

$$+(C\varepsilon)^{2n}\int_0^t(1+\tau)^k\left[\int_0^\tau(1+\tau-s)^{-\frac{5}{4}}\|\nabla U(s)\|_{H^2}ds\right]^{2n}d\tau$$

$$\leqslant\frac{(CE_0)^{2n}}{5n/2-k-1}+(C\varepsilon)^{2n}\int_0^t(1+\tau)^k\left[\int_0^\tau(1+\tau-s)^{-r_1}(1+s)^{-r_2}ds\right]^{2n-1}$$

$$\times\left[\int_0^\tau(1+\tau-s)^{-\frac{4}{3}}(1+s)^k\|\nabla U(s)\|_{H^2}^{2n}ds\right]d\tau$$

$$\leqslant (CE_0)^{2n} + C_1(r_1,r_2)^{2n-1}(C\varepsilon)^{2n}\int_0^t (1+s)^k \|\nabla U(s)\|_{H^2}^{2n}\int_s^t (1+\tau-s)^{-\frac{4}{3}} d\tau ds$$

$$\leqslant (CE_0)^{2n} + (C\varepsilon)^{2n}\int_0^t (1+s)^k (\|\nabla U(s)\|_{L^2}^{2n} + \|\nabla^2 U(s)\|_{H^1}^{2n}) ds,$$

其中，$r_1 = (\frac{5}{4} - \frac{2}{3n})\frac{2n}{2n-1}, r_2 = \frac{k}{2n-1}$。注意到 $\frac{7}{6} \leqslant r_1 \leqslant \frac{5}{4}$ 并且对 $n \geqslant 1$ 有 $0 \leqslant r_2 \leqslant r_1, 0 \leqslant k \leqslant N$ 以及 $\frac{5n}{2} - k - 1 \geqslant \frac{5n}{2} - (\frac{5n}{2} - 2) - 1 = 1$。则取 $\varepsilon \leqslant C^{-1}2^{-1/2n}$ 可以得到式（5.43）。这样引理 5.7 证明完毕。■

下面，利用能量方法给出一个重要的不等式。

引理 5.8 在定理 5.1 的假设条件下，$U = (\sigma, w, z)$ 是线性化方程（5.34）—（5.36）的解，若 $\varepsilon > 0$ 充分小，则有

$$\frac{dH(t)}{dt} + (\|\nabla^2\sigma(t)\|_{H^1}^2 + \|\nabla^2(w,z)(t)\|_{H^2}^2) \leqslant C\varepsilon \|\nabla U(t)\|_{L^2}^2。 \tag{5.44}$$

其中，$H(t)$ 等价于 $\|\nabla U(t)\|_{H^2}^2$，即存在大于零的常数 $C_2 \geqslant 1$ 使得

$$\frac{1}{C_2}\|\nabla U(t)\|_{H^2}^2 \leqslant H(t) \leqslant C_2 \|\nabla U(t)\|_{H^2}^2, \quad t \geqslant 0。 \tag{5.45}$$

证明：多重指标 α 满足 $1 \leqslant |\alpha| \leqslant 3$。对方程（5.34）作用算子 ∂_x^α，并分别乘以 $\partial_x^\alpha\sigma$、$\partial_x^\alpha w$、$\partial_x^\alpha z$，然后在 $\mathbb{R}^3$ 积分，得到：

$$\frac{1}{2}\frac{d}{dt}\|\partial_x^\alpha U(t)\|_{L^2}^2 + \mu_1\|\nabla\partial_x^\alpha w(t)\|_{L^2}^2 + \mu_2\|\mathrm{div}(\partial_x^\alpha w(t))\|_{L^2}^2 + \|\nabla\partial_x^\alpha z(t)\|_{L^2}^2$$

$$= \langle \partial_x^\alpha\sigma(t), \partial_x^\alpha F_1(t)\rangle + \langle \partial_x^\alpha w(t), \partial_x^\alpha F_2(t)\rangle + \langle \partial_x^\alpha z(t), \partial_x^\alpha F_3(t)\rangle$$

$$= I_1(t) + I_2(t) + I_3(t), \tag{5.46}$$

其中，$\langle\cdot,\cdot\rangle$ 表示 $L^2(\mathbb{R}^3)$ 中的内积，

$$I_1(t) \leqslant C\{|\langle \partial_x^\alpha\sigma(t), \partial_x^\alpha(\partial_i\sigma w^i(t)\rangle| + |\partial_x^\alpha(t), \partial_x^\alpha(\sigma\partial_i w^i)(t)|$$

$$+ |\langle \partial_x^\alpha\sigma(t), \partial_x^\alpha(\partial_i\bar{\rho}w^i)(t)\rangle| + |\langle \partial_x^\alpha\sigma(t), \partial_x^\alpha(\bar{\rho}\partial_i w^i)(t)\rangle|\}$$

$$= \sum_{i=1}^4 I_1^i。$$

利用分部积分、命题 5.1 以及引理 5.2—5.3 得到：

$$
\begin{aligned}
I_1^1 &= C\left|\left\langle \partial_x^\alpha \sigma(t), \partial_x^\alpha(\partial_i \sigma w^i)(t)\right\rangle\right| \\
&= C\sum_{|\beta|\leqslant|\alpha|} C_\alpha^\beta \left|\left\langle \partial_x^\alpha \sigma(t), \partial_x^\beta \partial_i \sigma(t) \partial_x^{\alpha-\beta} w^i(t)\right\rangle\right| \\
&= C\left|\left\langle \partial_x^\alpha \sigma(t), \partial_x^\alpha \partial_i \sigma(t) w^i(t)\right\rangle\right| \\
&\quad + C\sum_{|\beta|\leqslant|\alpha|-1} C_\beta^\alpha \left|\left\langle \partial_x^\alpha \sigma(t), \partial_x^\beta \partial_i \sigma(t) \partial_x^{\alpha-\beta} w^i(t)\right\rangle\right| \\
&\leqslant \frac{C}{2}\left|\left\langle (\partial_x^\alpha \sigma(t))^2, \partial_i w^i(t)\right\rangle\right| \\
&\quad + C\left\{\sum_{|\beta|=0} + \sum_{1\leqslant|\beta|\leqslant|\alpha|-1}\right\} C_\alpha^\beta \left|\left\langle \partial_x^\alpha \sigma(t), \partial_x^\beta \partial_i \sigma(t) \partial_x^{\alpha-\beta} w^i(t)\right\rangle\right| \\
&\leqslant C \|\partial_i w^i(t)\|_{L^\infty}^2 \|\partial_x^\alpha \sigma(t)\|_{L^2}^2 + 2\varepsilon \|\partial_x^\alpha \sigma(t)\|_{L^2}^2 \\
&\quad + \frac{C}{\varepsilon} \|\nabla \partial_i \sigma(t)\|_{H^1}^2 \|\partial_x^\alpha w^i(t)\|_{L^2}^2 \\
&\quad + \frac{C}{\varepsilon} \sum_{1\leqslant|\beta|\leqslant|\alpha|-1} \|\nabla \partial_x^{\alpha-\beta} w^i(t)\|_{H^1}^2 \|\partial_x^\beta \partial_i \sigma(t)\|_{L^2}^2 \\
&\leqslant C\varepsilon \sum_{1\leqslant|\alpha|\leqslant 3} \|\partial_x^\alpha \sigma(t)\|_{L^2}^2 + C\varepsilon \sum_{1\leqslant|\alpha|\leqslant 4} \|\partial_x^\alpha w(t)\|_{L^2}^2, \\
I_1^2 &= C\left|\left\langle \partial_x^\alpha \sigma(t), \partial_x^\alpha(\sigma \partial_i w^i(t)\right\rangle\right| \\
&= C\sum_{|\beta|\leqslant|\alpha|} C_\alpha^\beta \left|\left\langle \partial_x^\alpha \sigma(t), \partial_x^\alpha \sigma(t) \partial_x^{\alpha-\beta} \partial_i w^i(t)\right\rangle\right| \\
&= C\left(\sum_{|\beta|=0} + \sum_{1\leqslant|\beta|\leqslant|\alpha|-1}\right) C_\alpha^\beta \left|\left\langle \partial_x^\alpha \sigma(t), \partial_x^\alpha \sigma(t) \partial_x^{\alpha-\beta} \partial_i w^i(t)\right\rangle\right| \\
&\quad + C\left|\left\langle (\partial_x^\alpha \sigma(t))^2, \partial_i w^i(t)\right\rangle\right| \\
&\leqslant C \|\partial_i w^i(t)\|_{L^\infty}^2 \|\partial_x^\alpha \sigma(t)\|_{L^2}^2 + 2\varepsilon \|\partial_x^\alpha \sigma(t)\|_{L^2}^2 \\
&\quad + \frac{C}{\varepsilon} \|\sigma(t)\|_{L^\infty}^2 \|\partial_x^\alpha \partial_i w^i(t)\|_{L^2}^2 \\
&\quad + \frac{C}{\varepsilon} \|\nabla \sigma(t)\|_{L^\infty}^2 (\|\partial_i w^i(t)\|_{H^1}^2 + \|\partial_i w^i(t)\|_{H^2}^2) \\
&\quad + \frac{C}{\varepsilon} \|\partial_i w^i(t)\|_{W^{1,\infty}}^2 \|\sigma(t)\|_{H^2}^2 \\
&\quad \leqslant C\varepsilon \sum_{1\leqslant|\alpha|\leqslant 3} \|\partial_x^\alpha \sigma(t)\|_{L^2}^2 + C\varepsilon \sum_{1\leqslant|\alpha|\leqslant 4} \|\partial_x^\alpha w(t)\|_{L^2}^2, \\
I_1^3 &= C\left|\left\langle \partial_x^\alpha \sigma(t), \partial_x^\alpha(\partial_i \bar{\rho} w^i)(t)\right\rangle\right| \\
&= C\sum_{|\beta|\leqslant|\alpha|} C_\alpha^\beta \left|\left\langle \partial_x^\alpha \sigma(t), \partial_x^\beta \partial_i \bar{\rho}(t) \partial_x^{\alpha-\beta} w^i(t)\right\rangle\right|
\end{aligned}
$$

$$= C \sum_{|\beta| \leq \|\alpha\|-1} C_\alpha^\beta |\langle \partial_x^\alpha \sigma(t), \partial_x^\beta \partial_i \bar{\rho}(t) \partial_x^{\alpha-\beta} w^i(t) \rangle|$$

$$+ C|\langle \partial_x^\alpha \sigma(t) \partial_x^\alpha \partial_i \bar{\rho}(t) w^i(t) \rangle|$$

$$\leq C\varepsilon \|\partial_x^\alpha \sigma(t)\|_{L^2}^2 + \frac{C}{\varepsilon} \sum_{|\beta| \leq |\alpha|-1} \|\partial_x^\beta \partial_i \bar{\rho}(t)\|_{L^2}^2 + \frac{C}{\varepsilon} \|\partial_i \bar{\rho}\|_{H^3}^2 \|w^i\|_{L^\infty}$$

$$\leq C\varepsilon \|\partial_x^\alpha \sigma(t)\|_{L^2}^2 + C\varepsilon \sum_{1 \leq |\alpha| \leq 4} \|\partial_x^\alpha w(t)\|_{L^2}^2$$

以及

$$I_1^4 = C|\langle \partial_x^\alpha \sigma(t), \partial_x(\bar{\rho}(t) \partial_i w^i)(t) \rangle|$$

$$= C \sum_{|\beta| \leq |\alpha|} C_\alpha^\beta |\langle \partial_x^\alpha \sigma(t), \partial_x^{\alpha-\beta} \bar{\rho}(t) \partial_x^\beta \partial_i w^i(t) \rangle|$$

$$\leq C\varepsilon \|\partial_x^\alpha \sigma(t)\|_{L^2}^2 + \frac{C}{\varepsilon} \|\partial_x^{\alpha-\beta} \bar{\rho}(t)\|_{L^\infty}^2 \|\partial_x^\beta \partial_i w^i(t)\|_{L^2}^2$$

$$\leq C\varepsilon \sum_{1 \leq |\alpha| \leq 3} \|\partial_x^\alpha \sigma(t)\|_{L^2}^2 + C\varepsilon \sum_{1 \leq |\alpha| \leq 4} \|\partial_x^\partial w(t)\|_{L^2}^2 \text{。}$$

则 I_1 有如下估计：

$$I_1 \leq C\varepsilon \sum_{1 \leq |\alpha| \leq 3} \|\partial_x^\alpha \sigma(t)\|_{L^2}^2 + C\varepsilon \sum_{1 \leq |\alpha| \leq 4} \|\partial_x^\alpha w(t)\|_{L^2}^2 \text{。} \quad (5.47)$$

同理可以得到：

$$I_2 + I_3 \leq C\varepsilon \sum_{1 \leq |\alpha| \leq 3} \|\partial_x^\alpha \sigma(t)\|_{L^2}^2 + C\varepsilon \sum_{1 \leq |\alpha| \leq 4} \|\partial_x^\alpha (w,z)(t)\|_{L^2}^2, \quad (5.48)$$

这里利用了式(5.26)。结合式 (5.46)—(5.48)，可得

$$\frac{d}{dt} \sum_{1 \leq |\alpha| \leq 3} \|\partial_x^\alpha U(t)\|_{L^2}^2 + \sum_{1 \leq |\alpha| \leq 3} \|\nabla \partial_x^\partial (w,z)(t)\|_{L^2}^2$$

$$\leq C\varepsilon \sum_{1 \leq |\alpha| \leq 3} \|\partial_x^\alpha \sigma(t)\|_{L^2}^2 + C\varepsilon \sum_{1 \leq |\alpha| \leq 4} \|\partial_x^\alpha (w,z)(t)\|_{L^2}^2 \text{。} \quad (5.49)$$

对 $1 \leq |\alpha| \leq 2$，可以估计 $\|\nabla \partial_x^\alpha \sigma(t)\|_{L^2}^2$ 项。由方程 $(5.34)_2$，可得

$$\kappa \nabla \sigma = -w_t + \mu_1 \Delta w + \mu_2 \nabla \mathrm{div} w - \nu \nabla z + F_2 \text{。}$$

对上述方程作用算子 ∂_x^α，与 $\nabla \partial_x^\alpha \sigma(t)$ 在 L^2 上作内积，再利用方程 $(5.34)_1$，可得

$$\kappa \|\nabla\partial_x^\alpha\sigma(t)\|_{L^2}^2 + \frac{d}{dt}\langle\partial_x^\alpha w(t),\nabla\partial_x^\alpha\sigma(t)\rangle$$

$$=\mu_1\langle\partial_x^\alpha\Delta w(t)\ \nabla\partial_x^\alpha\sigma(t)\rangle - \kappa\langle\partial_x^\alpha w(t),\nabla\partial_x^\alpha \mathrm{div} w(t)\rangle$$

$$-\mu_2\langle\partial_x^\alpha\nabla z,\nabla\partial_x^\alpha\sigma(t)\rangle + \langle\partial_x^\alpha w(t),\nabla\partial_x^\alpha F_1(t)\rangle + \langle\partial_x^\alpha w(t),\nabla\partial_x^\alpha F_2(t)\rangle。$$

类似于 I_1 的估计得到:

$$\frac{\kappa}{2}\|\nabla\partial_x^\alpha\sigma(t)\|_{L^2}^2 + \frac{d}{dt}\langle\partial_x^\alpha w(t),\partial_x^\alpha\sigma(t)\rangle$$

$$\leqslant C\|\partial_x^\alpha\nabla^2 w(t)\|_{L^2}^2 + C\|\partial_x^\alpha \mathrm{div} w(t)\|_{L^2}^2 + C\|\partial_x^\alpha\nabla z(t)\|_{L^2}^2$$

$$+ C|\langle\partial_x^\alpha w(t),\nabla\partial_x^\alpha F_1(t)\rangle| + |\langle\partial_x^\alpha w(t),\nabla\partial_x^\alpha F_2(t)\rangle|$$

$$\leqslant C\sum_{1\leqslant|\alpha|\leqslant 2}(\|\partial_x^\alpha\nabla w(t)\|_{H^1}^2 + \|\partial_x^\alpha\nabla z(t)\|_{L^2}^2)$$

$$+ C\varepsilon\sum_{1\leqslant|\alpha|\leqslant 3}\|\partial_x^\alpha\sigma(t)\|_{L^2}^2 + C\varepsilon\sum_{1\leqslant|\alpha|\leqslant 4}\|\partial_x^\alpha(w,z)(t)\|_{L^2}^2。\tag{5.50}$$

定义

$$H(t) = D_1\sum_{1\leqslant|\alpha|\leqslant 3}\|\partial^\alpha U(t)\|_{L^2}^2 + \sum_{1\leqslant|\alpha|\leqslant 2}\langle\partial_x^\alpha w(t),\nabla\partial_x^\alpha\sigma(t)\rangle,\tag{5.51}$$

通过直接计算可以得到式(5.45)。取 D_1 充分大,可以得到不依赖于 ε 的常数 D_2 使得

$$\frac{dH(t)}{dt} + D_2(\|\nabla^2\sigma(t)\|_{H^1}^2 + \|\nabla^2(w,z)(t)\|_{H^2}^2) \leqslant C\varepsilon\|\nabla U(t)\|_{L^2}^2。\tag{5.52}$$

引理 5.8 证明完毕。

由上述估计可以得到 $H^n(t)$ 加权函数 $(1+t)^k$ 的估计。

引理 5.9 在定理 5.2 的假设条件下,$U=(\sigma,w,z)$ 是线性化方程(5.34)—(5.36)的解,则当 $\varepsilon>0$ 充分小,对整数 $n\geqslant 1$,有

$$(1+t)^k H(t)^n + n\int_0^t(1+s)^k H^{n-1}\|\nabla^2 U(s)\|_{H^1}^2 ds$$

$$\leqslant 2H(0)^n + (C_3E_0)^{2n} + 10C_2 n\int_0^t(1+s)^{k-1}H(s)^{n-1}\|\nabla^2 U(s)\|_{H^1}^2 ds,\tag{5.53}$$

这里 $k=0,1,\cdots,N=\left[\dfrac{5n}{2}-2\right]$ 以及 C_3 是不依赖于 ε 和 n 的大于零的常数。

证明:方程（5.44）两边乘以 $n(1+t)^kH(t)^{n-1}(k=0,1,\cdots,N)$，并在 $[0,t]$ 上积分,得到:

$$(1+t)^kH(t)^n+n\int_0^t(1+s)^kH(s)^{n-1}\|\nabla^2U(s)\|_{H^1}^2ds$$

$$\leqslant H(0)^n+C\varepsilon n\int_0^t(1+s)^kH(s)^{n-1}\|\nabla U(s)\|_{L^2}^2ds+k\int_0^t(1+s)^{k-1}H(s)^nds$$

$$\triangleq H(0)^n+CJ_1+J_2。\tag{5.54}$$

利用 Young 不等式、等价条件式（5.45）以及引理 5.8，可得

$$J_1=\varepsilon n\int_0^t(1+s)^kH(s)^{n-1}\|U(s)\|_{L^2}^2ds$$

$$\leqslant\varepsilon n\int_0^t(1+s)^k\left[\frac{n-1}{n}\delta H(s)^n+\frac{1}{n}\frac{1}{\delta^{n-1}}\|\nabla U(s)\|_{L^2}^{2n}\right]ds$$

$$\leqslant\varepsilon nC_2\delta\int_0^t(1+s)^kH(s)^{n-1}(\|\nabla U(s)\|_{L^2}^2+\|\nabla^2U(s)\|_{H^1}^2)ds$$

$$+\varepsilon\delta^{1-n}\int_0^t(1+s)^k\|\nabla U(s)\|_{L^2}^{2n}ds$$

$$\leqslant\varepsilon nC_2\delta\int_0^t(1+s)^kH(s)^{n-1}\|\nabla U(s)\|_{L^2}^2ds$$

$$+\varepsilon nC_2\delta\int_0^t(1+s)^kH(s)^{n-1}\|\nabla^2U(s)\|_{H^1}^2ds+\varepsilon\delta^{1-n}(CE_0)^{2n}$$

$$+\varepsilon\delta^{1-n}(C\varepsilon)^{2n}\int_0^t(1+s)^k\|\nabla^2U(s)\|_{H^1}^{2n}ds$$

$$\leqslant\varepsilon nC_2\delta\int_0^t(1+s)^kH(s)^{n-1}\|\nabla U(s)\|_{L^2}^2ds$$

$$+\varepsilon nC_2\delta\int_0^t(1+s)^kH(s)^{n-1}\|\nabla^2U(s)\|_{H^1}^2ds+\varepsilon\delta^{1-n}(CE_0)^{2n}$$

$$+\varepsilon\delta^{1-n}(C\varepsilon)^{2n}C_2^{n-1}\int_0^t(1+s)^kH(s)^{n-1}\|\nabla^2U(s)\|_{H^1}^2ds,$$

取 $\delta\leqslant\dfrac{1}{2C_2}$ 有

$$J_1\leqslant\varepsilon(CE_0)^{2n}+\varepsilon n[1+(C\varepsilon)^{2n}]\int_0^t(1+s)^kH(s)^{n-1}\|\nabla^2U(s)\|_{H^1}^2ds,\tag{5.55}$$

取 $\varepsilon > 0$ 充分小，使得 $\varepsilon = \min\{1, C^{-1}\}$，则得到：

$$J_1 \leq (CE_0)^{2n} + 2\varepsilon n\int_0^t (1+s)^k H(s)^{n-1} \|\nabla^2 U(s)\|_{H^1}^2 ds。 \tag{5.56}$$

同理，J_2 有估计：

$$J_2 = k\int_0^t (1+s)^{k-1} H(s)^n ds$$

$$\leq kC_2\int_0^t (1+s)^{k-1} H(s)^{n-1} (\|\nabla U(s)\|_{L^2}^2 + \|\nabla^2 U(s)\|_{H^1}^2) ds$$

$$\leq kC_2\delta\int_0^t (1+s)^{k-1} H(s)^n ds + kC_2\delta^{1-n}\int_0^t (1+s)^{k-1} \|\nabla U(s)\|_{L^2}^{2n} ds$$

$$+ kC_2\int_0^t (1+s)^{k-1} H(s)^{n-1} \|\nabla^2 U(s)\|_{H^1}^2 ds, \tag{5.57}$$

取 $\delta \leq \dfrac{1}{2C_2}$，能够得到：

$$J_2 \leq k(2C_2)^n (CE_0)^{2n}$$

$$+ k(2C_2)^n (C\varepsilon)^{2n}\int_0^t (1+s)^k \|\nabla^2 U(s)\|_{H^1}^{2n} ds$$

$$+ 2kC_2\int_0^t (1+s)^{k-1} H(s)^{n-1} \|\nabla^2 U(s)\|_{H^1}^2 ds$$

$$\leq k(2C_2)^n (CE_0)^{2n}$$

$$+ k(2C_2)^n (C\varepsilon)^{2n} C_2^{n-1}\int_0^t (1+s)^k H(s)^{n-1} \|\nabla^2 U(s)\|_{H^1}^2 ds$$

$$+ 2kC_2\int_0^t (1+s)^{k-1} H(s)^{n-1} \|\nabla^2 U(s)\|_{H^1}^2 ds$$

$$\leq (CE_0)^{2n} + n\varepsilon (C\varepsilon)^{2n-1}\int_0^t (1+s)^k H(s)^{n-1} \|\nabla^2 U(s)\|_{H^1}^2 ds$$

$$+ 2kC_2\int_0^t (1+s)^{k-1} H(s)^{n-1} \|\nabla^2 U(s)\|_{H^1}^2 ds, \tag{5.58}$$

这里利用了引理 5.8。结合式（5.56）和式（5.58），得到：

$$(1+t)^k H(t)^n + n\int_0^t (1+s)^k H(s)^{n-1} \|\nabla^2 U(s)\|_{H^1}^2 ds$$

$$\leq H(0)^n + (CE_0)^{2n} + 2kC_2\int_0^t (1+s)^{k-1} H(s)^{n-1} \|\nabla^2 U(s)\|_{H^1}^2 ds$$

$$+ n\varepsilon[C+(C\varepsilon)^{2n-1}]\int_0^t (1+s)^k H^{n-1} \ \| \nabla^2 U(s)\|_{H^1}^2 ds, \tag{5.59}$$

取 $\varepsilon > 0$ 充分小,使 $\varepsilon[C+(C\varepsilon)^{2n-1}] \leqslant \frac{1}{2}$,则可得到式 (5.53)。这样就证明了引理 5.9 的结论。 ■

引理 5.10 在引理 5.9 的假设条件下,若 $\varepsilon > 0$ 充分小,对任意的正整数 $n \geqslant 2$ 有

$$(1+t)^k H(t)^n + n\int_0^t (1+s)^k H^{n-1} \ \| \nabla^2 U(s)\|_{H^1}^2 ds$$

$$\leqslant [2H(0)^n + (C_3E_0)^{2n}]\sum_{l=1}^{k} (10C_2)^{l-1} + n(10C_2)^k (C_2C_0\varepsilon)^n, \tag{5.60}$$

其中, $k = 0,1,\cdots,N = \left[\frac{5n}{2} - 2\right]$。

证明:对 $1 \leqslant k \leqslant N$, 式(5.60) 可以通过归纳法来证明。在式 (5.53) 中取 $k=1$, 再利用命题 5.1 以及式 (5.45),有

$$(1+t)H(t)^n + n\int_0^t (1+s)H^{n-1} \ \| \nabla^2 U(s)\|_{H^1}^2 ds$$

$$\leqslant 2H(0)^n + (C_3E_0)^{2n} + 10C_2 n\int_0^t H(s)^{n-1} \ \| \nabla^2 U(s)\|_{H^1}^2 ds$$

$$\leqslant 2H(0)^n + (C_3E_0)^{2n} + n(10C_2)(C_2C_0\varepsilon^2)^n。$$

假设式 (5.60) 对 $1 \leqslant k \leqslant N-1$ 成立,则由式 (5.53) 可得

$$(1+t)^{k+1}H(t)^n + n\int_0^t (1+s)^{k+1} H^{n-1} \ \| \nabla^2 U(s)\|_{H^1}^2 ds$$

$$\leqslant 2H(0)^n + (C_3E_0)^{2n} + 10C_2 n\int_0^t (1+s)^k H(s)^{n-1} \ \| \nabla^2 U(s)\|_{H^1}^2 ds$$

$$\leqslant [2H(0)^n + (C_3E_0)^{2n}]$$

$$+ 10C_2\left\{[2H(0)^n + (C_3E_0)^{2n}]\sum_{i=1}^{k} (10C_2)^{l-1} + n(10C_2)^k (C_2C_0\varepsilon^2)^n\right\}$$

$$\leqslant [2H(0)^n + (C_3E_0)^{2n}]\sum_{l=1}^{k+1} (10C_2)^{l-1} + n(10C_2)^{k+1} (C_2C_0\varepsilon)^n。$$

这样就完成了对引理 5.10 的证明。 ■

第六节　定理 5.2 的证明

在引理 5.10 中取 $k=N$，可以得到：

$$(1+t)^{N}H(t)^{n} \leqslant [2H(0)^{n}+(C_{3}E_{0})^{2n}]\frac{(10C_{2})^{N}-1}{10C_{2}-1} + n(10C_{2})^{N}(C_{2}C_{0}\varepsilon^{2})^{n}。\tag{5.61}$$

注意到 $\frac{5n}{2}-3 \leqslant N=[\frac{5n}{2}-2] \leqslant \frac{5n}{2}-1$，得到：

$$(1+t)^{\frac{5n}{2}-3}H(t)^{n} \leqslant C^{\frac{5n}{2}}[H(0)^{n}+E_{0}^{2n}+\varepsilon^{2n}],\tag{5.62}$$

蕴含

$$\sqrt{H(t)} \leqslant C[H(0)^{n}+E_{0}^{2n}+\varepsilon^{2n}]^{\frac{1}{2n}}(1+t)^{-\frac{5}{4}+\frac{3}{2n}},\tag{5.63}$$

因此令 $n\to\infty$，有

$$\sqrt{H(t)} \leqslant C\max\{H(0)^{\frac{1}{2}},E_{0},\varepsilon\}(1+t)^{-\frac{5}{4}},\tag{5.64}$$

结合引理 5.5 得到式（5.10）和式（5.11）。

最后证明式（5.9）和式（5.12）。利用式（5.40）和引理 5.6 以及在证明引理 5.7 中的 $F_{i}(i=1,2,3)$ 估计有

$$\begin{aligned}\|U(t)\|_{L^{2}} &\leqslant CE_{0}(1+t)^{-\frac{3}{4}} + C\int_{0}^{t}(1+t-s)^{-\frac{3}{4}}(\|F(U)(s)\|_{L^{1}}+\|F(U)(s)\|_{L^{2}})ds\\ &\leqslant CE_{0}(1+t)^{-\frac{3}{4}}+C\varepsilon\int_{0}^{t}(1+t-s)^{-\frac{3}{4}}\|\nabla U(s)\|_{H^{1}}ds\\ &\leqslant CE_{0}(1+t)^{-\frac{3}{4}}+C\varepsilon\int_{0}^{t}(1+t-s)^{-\frac{3}{4}}(1+s)^{-\frac{5}{4}}ds\\ &\leqslant C(1+t)^{-\frac{3}{4}},\end{aligned}\tag{5.65}$$

结合式（5.64）以及插值不等式有式（5.9）成立。利用引理 5.5 以及式（5.40），可得

$$
\begin{aligned}
&\| \partial_t U(t) \|_{L^2} \\
&\leqslant CE_0 (1+t)^{-\frac{3}{4}} + C\int_0^t (1+t-s)^{-\frac{5}{4}} \| F(U)(s) \|_{L^1} \\
&\quad + C\int_0^t (1+t-s)^{-\frac{5}{4}} [1+(t-s)^{-\frac{1}{2}}] \| F(U)(s) \|_{H^1} ds \\
&\leqslant CE_0 (1+t)^{-\frac{3}{4}} + C\varepsilon\int_0^t (1+t-s)^{-\frac{5}{4}} (1+s)^{-\frac{5}{4}} ds \\
&\quad + C\varepsilon\int_0^t (1+t-s)^{-\frac{5}{4}} [1+(t-s)^{-\frac{1}{2}}] (1+s)^{-\frac{5}{4}} ds \\
&\leqslant C(1+t)^{-\frac{5}{4}},
\end{aligned}
\tag{5.66}
$$

则结论式（5. 12）得到证明。这样就完成了对定理 5. 2 的证明。

第六章 二维不可压混合流体的整体适定性

本章主要研究二维两个混合流体的整体适定性问题，在这里要求混合流体是不可压的。

本章主要关注不可压的混合流体，事实上 Malek 和 Rajagopal 在热力学的框架下得到了混合流体的模型，给出以下对 i 个流体的守恒律以及线性动量守恒方程：

$$\begin{cases} \dfrac{\partial \rho^{(i)}}{\partial t} + \operatorname{div}(\rho^{(i)} u^{(i)}) = 0, \\ \rho^{(i)} \dfrac{d^{(i)} u^{(i)}}{dt} = \operatorname{div}(T^{(i)})^T + \rho^{(i)} b_e + m^{(i)}, \quad (x,t) \in \mathbb{R}^n \times [0,T) \end{cases} \tag{6.1}$$

这里 n 表示空间维数，$\rho^{(i)}$ 和 $u^{(i)}$ 分别表示每个流体的密度和速度。$T^{(i)}$ 表示第 i 个流体的应力张量。b_e 表示混合流体的外力项。$m^{(i)}$ 表示流体之间的相互作用力，满足 $m^{(1)} = - m^{(2)}$。

另外，混合流体的总密度为 ρ，定义为

$$\rho = \rho^{(1)} + \rho^{(2)},$$

平均速度 u 表示为

$$u = \frac{1}{\rho}[\rho^{(1)} u^{(1)} + \rho^{(2)} u^{(2)}],$$

并且满足不可压条件 $\operatorname{div} u = 0$。变量 $T^{(i)}$ 和 $m^{(i)}$ 的表达式为

$$T^{(1)}=(-\rho I+2\mu(\rho)D)\frac{\rho^{(1)}}{\rho},$$

$$T^{(2)}=(-\rho I+2\mu(\rho)D)\frac{\rho^{(2)}}{\rho},$$

$$m^{(i)}=(-\rho I+2\mu(\rho)D)\frac{\rho^{(1)}\nabla\rho^{(2)}-\rho^{(2)}\nabla\rho^{(1)}}{\rho}+a(\rho)(u^{(2)}-u^{(1)}),$$

在这里, $D=\frac{1}{2}[\nabla u+\nabla u^T]$。对方程(6.1)做以下简化:

(1)假设每个流体的密度为大于零的常数,即 $\rho^{(1)}=\rho^{(2)}=1$。

(2)不考虑外力项,即 $b_e=0$。

(3)令 μ 以及 a 为大于零的常数。

这样就可以得到下面简化的混合流体的模型:

$$\begin{cases}u_t^{(1)}+u^{(1)}\cdot\nabla u^{(1)}-\frac{1}{4}\mu(\Delta u^{(1)}+\Delta u^{(2)})=a(u^{(2)}-u^{(1)}),\\ u_t^{(2)}+u^{(2)}\cdot\nabla u^{(2)}-\frac{1}{4}\mu(\Delta u^{(1)}+\Delta u^{(2)})=a(u^{(1)}-u^{(2)}),\\ \mathrm{div}u^{(1)}=\mathrm{div}u^{(2)}=0,\quad(x,t)\in\mathbb{R}^2\times[0,T)。\end{cases}\tag{6.2}$$

其中,令 $n=2$ 以及初始条件 $u^{(1)}(x,0)=u_0^{(1)}$, $u^{(2)}(x,t)=u_0^{(2)}$。

令 $u^{(1)}+u^{(2)}=\tilde{u}$、$u^{(1)}-u^{(2)}=\bar{u}$,另外,记作 $\frac{1}{2}\mu\triangleq\mu$、$2P\triangleq P$、$2a\triangleq a$。则方程(6.2)可以写成:

$$\begin{cases}\tilde{u}_t+\frac{1}{2}\tilde{u}\cdot\nabla\tilde{u}+\frac{1}{2}\bar{u}\cdot\nabla\bar{u}-\mu\Delta\tilde{u}+\nabla P=0,\\ \bar{u}_t+\frac{1}{2}\tilde{u}\cdot\nabla\bar{u}+\frac{1}{2}\bar{u}\cdot\nabla\tilde{u}+a\bar{u}=0,\quad(\mathrm{x},\mathrm{t})\in\mathbb{R}^2\times(0,\mathrm{T}),\\ div\tilde{u}=0,\quad div\bar{u}=0。\end{cases}\tag{6.3}$$

初始条件为

$$\tilde{u}(0,x)=u_0^{(1)}+u_0^{(2)}\triangleq\tilde{u}_0,\quad\bar{u}(0,x)=u_0^{(1)}-u_0^{(2)}\triangleq\bar{u}_0。\tag{6.4}$$

对上述方程解适定性的研究还没有结果,一个很自然的问题是对上述方程解的适定性的研究采用什么思想方法?注意到,当 $\bar{u}=\tilde{u}$ 时,方程(6.3)

的第一个方程变为齐次 Navier-Stokes 方程,第二个方程变为齐次 Euler 方程。因此,Navier-Stokes 以及 Euler 方程的研究与本章的研究息息相关。下面我们来回顾一下齐次 Navier-Stokes 方程以及 Euler 方程已有的相关研究成果。首先是 Lions 得到了齐次 Navier-Stokes 方程弱解的存在性,并证明了在二维情形唯一性是可以得到保证的[80]。Chen 和 Xin 研究了当初始速度在充分小的齐次空间 $X^{-1}(\mathbb{R}^n)$ 时整体解的存在唯一性[81]。Planchon 证明了在 Besov 框架下当初值在充分小时整体解的存在性,并且得到了自相似解的渐进性行为[82]。在 Kavian 的研究中,得到了非线性热方程的解逼近自相似解[83]。Ben-Artzi 研究了粘性消失极限问题, 即当粘性系数趋于零时, Navier-Stokes 方程的解逼近于 Euler 方程的解[84]。Majda 和 Bertozzi 二维和三维 Navier-Stokes 方程以及 Euler 方程整体解的存在唯一性[85]。

本章的安排如下:首先证明二维混合流体的局部适定性,这里用到了 Friedrich 方法,然后证明了解的整体适定性,为了将局部解延拓到整个时间轴,要证明对任意的 $T>0(\tilde{u},\bar{u})$ 的 H^s 范数有界。其中 Lions 的方法[80]在这里有很重要的作用。

第一节 主要定理

在给出主要定理之前,就本章所使用的符号加以说明。对 $m\geqslant 0$ 以及 $p\geqslant 1$, Sobolev 空间 $W^{m,p}(\mathbb{R}^2)$ 简写为 $W^{m,p}$, $(\cdot,\cdot)_{H^s}$ 表示 H^m 的内积。特别地,当 $m=0$ 时, $(\cdot,\cdot)_{L^2}$ 表示 L^2 的内积。另外, C 表示大于零的常数。对任意的正整数 $l\geqslant 0,\nabla^l f$ 表示函数 f 的 l 阶导数。多重指标 $\alpha=(\alpha_1,\alpha_2),\beta=(\beta_1,\beta_2)$, 其中,

$$D^\alpha=\partial_{x_1}^{\alpha_1}\partial_{x_2}^{\alpha_2},\quad |\alpha|=\sum_{i=1}^{2}\alpha_i,$$

并且当 $\beta\leqslant\alpha$ 时, $C_\alpha^\beta=\alpha!\ /(\alpha-\beta)!\ \beta!$。

下面给出本章的主要定理:

定理 6.1 对非负整数 $s\geqslant 3$, 初始条件满足 $(\tilde{u}_0,\bar{u}_0)\in H^s(\mathbb{R}^2)$。则混

合流体方程 (6.3)—(6.4) 对任意的 $T<+\infty$, 存在唯一的解 $(\tilde{u},\bar{u})$ 满足:

$$\tilde{u}\in C([0,+\infty);H^{s})\cap L^{2}(0,T;H^{s+1}),\quad \bar{u}\in C([0,+\infty);H^{s})。$$

接下来给出本章需要用到的几个基本引理。

引理6.1 (二维 Gagliardo-Nirenberg 不等式)对任意的 $p\in[2,\infty)$, $q\in(1,\infty)$ 以及 $r\in(2,\infty)$, 存在依赖于 p,q,r 的常数 $C>0$,对任意的函数 $f\in H^{1}\in H^{1}(\mathbb{R}^{2})$ 以及 $g\in L^{q}\cap D^{1,r}(\mathbb{R}^{2})$ 有

$$\|f\|^{p}_{L^{p}(\mathbb{R}^{2})}\leqslant C\|f\|^{2}_{L^{2}(\mathbb{R}^{2})}\|\nabla f\|^{p-2}_{L^{2}(\mathbb{R}^{N})},\tag{6.5}$$

$$\|g\|_{C(\mathbb{R}^{2})}\leqslant C\|g\|^{q(r-2)/(2r+q(r-2))}_{L^{q}(\mathbb{R}^{2})}\|\nabla g\|^{2r/(2r+q(r-2))}_{L^{r}(\mathbb{R}^{2})}。\tag{6.6}$$

引理6.2[86] (Logarithmic Sobolev 不等式) 设 $f\in H^{p}(\mathbb{R}^{d})$, 其中 $p>\dfrac{d}{2}$, 则有

$$\|f\|_{L^{\infty}}\leqslant C(1+\|f\|_{H^{\frac{d}{2}}})\log^{\frac{1}{2}}(e+\|f\|_{H^{p}})。\tag{6.7}$$

第二节 局部适定性

定理6.2 对任意的非负整数 $s\geqslant 3$ 以及 $(\tilde{u}_{0},\bar{u}_{0})\in H^{s}(\mathbb{R}^{2})$。则存在 $T>0$,在区间 $[0,T)$ 混合流体方程 (6.3)—(6.4) 存在唯一的解 $(\tilde{u},\bar{u})$ 满足:

$$\tilde{u}\in C([0,+\infty);H^{s})\cap L^{2}(0,T;H^{s+1}),\quad \bar{u}\in C([0,+\infty);H^{s})。$$

定理的证明基于能量估计。证明分为下面几步:

第一步: 构造逼近解序列

利用 Friedrich 方法来构造逼近解序列。具体来说考虑如下方程:

$$\begin{cases}\partial_{t}\tilde{u}_{n}+\dfrac{1}{2}P_{n}({}_{n}\tilde{u}_{n}\cdot\nabla_{n}\tilde{u}_{n})+\dfrac{1}{2}P_{n}({}_{n}\bar{u}_{n}\cdot\nabla_{n}\bar{u}_{n})-\mu_{n}\Delta_{n}\tilde{u}_{n}=0,\\ \partial_{t}\bar{u}_{n}+\dfrac{1}{2}P_{n}({}_{n}\tilde{u}_{n}\cdot\nabla_{n}\bar{u}_{n})+\dfrac{1}{2}P_{n}({}_{n}\bar{u}_{n}\cdot\nabla_{n}\tilde{u}_{n})+a_{n}\bar{u}_{n}=0,\\ \tilde{u}_{n}(0,t)={}_{n}\tilde{u}_{0}(x),\quad \bar{u}_{n}(0,x)={}_{n}\bar{u}_{0}(x),\end{cases}\tag{6.8}$$

其中，n 是定义在 L^2 上的截断算子，定义为

$$ {}_n f(x)=F^{-1}(1_{B_n}(\xi)Ff(\xi))(x),\quad Ff(x)(\xi)=\int_{\mathbb{R}^2}f(x)e^{-ix\cdot\xi}dx, $$

其中，1_{B_n} 是球心为 0、半径为 n 的球的特征函数，P 是无散度场上的投影算子，为

$$ P=(\delta_{ij}+R_iR_j)_{1\leqslant i,j\leqslant 2}, $$

这里，黎斯变换 R_i 定义为 $F(R_if)(\xi)=\dfrac{i\xi_i}{|\xi|}Ff(\xi)$，则 $\mathbb{E}_nP=P_n$。换句话说 $\mathbb{E}_n$ 是 L^2 到 L^2 上的正交投影。上述方程可以看成是 L^2 上的常微分方程，这就意味着存在某个 $T_n>0$，方程存在唯一的解 $(\tilde{u}_n,\bar{u}_n)$ 属于空间 $C([0,T];L^2)$。注意到 $\mathbb{E}_n^2=\mathbb{E}_n$，$(\mathbb{E}_n\tilde{u}_n,\mathbb{E}_n\bar{u}_n)$ 也是方程（6.8）的解，由解的唯一性可知方程（6.8）可以改写为

$$ \begin{cases}\partial_t\tilde{u}_n+\dfrac{1}{2}\mathbb{E}_nP(\tilde{u}_n\cdot\nabla\tilde{u}_n)+\dfrac{1}{2}\mathbb{E}_nP(\bar{u}_n\cdot\nabla\bar{u}_n)-\mu\,\mathbb{E}_n\Delta\tilde{u}_n=0,\\[2ex] \partial_t\bar{u}_n+\dfrac{1}{2}\mathbb{E}_nP(\tilde{u}_n\cdot\nabla\bar{u}_n)+\dfrac{1}{2}\mathbb{E}_nP(\bar{u}_n\cdot\nabla\tilde{u}_n)+a\bar{u}_n=0,\\[2ex] \tilde{u}_n(0,t)=\mathbb{E}_n\tilde{u}_0(x),\quad \bar{u}_n(0,x)=\mathbb{E}_n\bar{u}_0(x)。\end{cases} \tag{6.9} $$

第二步：能量估计和解的存在性

方程（6.9）的第一个方程与 $\tilde{u}_n$ 做 L^2 上的内积。同理方程（6.9）的第二个方程与 $\bar{u}_n$ 做 L^2 上的内积，再将两式相加，得到：

$$ \begin{aligned}&\frac{d}{dt}(\|\tilde{u}_n\|_{L^2}^2+\|\bar{u}_n\|_{L^2}^2)+2\mu\|\nabla\tilde{u}_n\|_{L^2}^2+2\alpha\|\bar{u}_n\|_{L^2}^2\\ &=-(\tilde{u}_n\cdot\nabla\tilde{u}_n,\tilde{u}_n)_{L^2}-(\tilde{u}_n\cdot\nabla\bar{u}_n,\bar{u}_n)_{L^2}\\ &\quad-(\bar{u}_n\cdot\nabla\bar{u}_n,\tilde{u}_n)_{L^2}-(\bar{u}_n\cdot\nabla\tilde{u}_n,\bar{u}_n)_{L^2}。\end{aligned} \tag{6.10} $$

利用分部积分，有

$$(\tilde{u}_n\cdot\nabla\tilde{u}_n,\tilde{u}_n)_{L^2}+(\tilde{u}_n\cdot\nabla\bar{u}_n,\bar{u}_n)_{L^2}=\int_{\mathbb{R}^2}(\tilde{u}_n^j\partial_j\tilde{u}_n^k\tilde{u}_n^k+\tilde{u}_n^j\partial_j\bar{u}_n^k\bar{u}_n^k)dx$$

$$=-\frac{1}{2}\int_{\mathbb{R}^2}\mathrm{div}\tilde{u}_n(|\tilde{u}_n|^2+|\bar{u}_n|^2)dx$$

$$=0,\tag{6.11}$$

再利用分部积分,可得

$$(\bar{u}_n\cdot\nabla\bar{u}_n,\tilde{u}_n)_{L^2}+(\bar{u}_n\cdot\nabla\tilde{u}_n,\bar{u}_n)_{L^2}=\int_{\mathbb{R}^2}(\bar{u}_n^j\partial_j\bar{u}_n^k\tilde{u}_n^k+\bar{u}_n^j\partial_j\tilde{u}_n^k\bar{u}_n^k)dx$$

$$=\int_{\mathbb{R}^2}(\bar{u}_n^j\partial_j\bar{u}_n^k\tilde{u}_n^k-\bar{u}_n^j\partial_j\bar{u}_n^k\tilde{u}_n^k)dx$$

$$=0。\tag{6.12}$$

则可以得到:

$$\frac{d}{dt}(\|\tilde{u}_n\|_{L^2}^2+\|\bar{u}_n\|_{L^2}^2)+2(\mu\|\nabla\tilde{u}_n\|_{L^2}^2+\alpha\|\bar{u}_n\|_{L^2}^2)=0。\tag{6.13}$$

对整数 $k\leqslant s$, 在式 $(6.9)_i(i=1,2)$ 上作用算子 ∇^k 对 i 相加,得到:

$$\frac{d}{dt}(\|\nabla^k\tilde{u}_n\|_{L^2}^2+\|\nabla^k\bar{u}_n\|_{L^2}^2)+2\mu\int_{\mathbb{R}^2}|\nabla^{k+1}\tilde{u}_n|^2dx+2a\int_{\mathbb{R}^2}|\nabla^k\bar{u}_n|^2dx$$

$$=-(\nabla^k(\tilde{u}_n\cdot\nabla\tilde{u}_n),\nabla^k\tilde{u}_n)_{L^2}-(\nabla^k(\tilde{u}_n\cdot\nabla\bar{u}_n),\nabla^k\bar{u}_n)_{L^2}$$

$$-(\nabla^k(\bar{u}_n\cdot\nabla\bar{u}_n),\nabla^k\tilde{u}_n)_{L^2}-(\nabla^k(\bar{u}_n\cdot\nabla\tilde{u}_n),\nabla^k\bar{u}_n)_{L^2}$$

$$\triangleq\sum_i^4 I_i。\tag{6.14}$$

令多重指标 α 和 β 满足 $|\alpha|+|\beta|=k$, 利用分部积分、Hölder 不等式以及引理 6.1, 可以得到:

$$|I_1|=|(\nabla^k(\tilde{u}_n\cdot\nabla\tilde{u}_n),\nabla^k\tilde{u}_n)_{L^2}|$$

$$\leqslant|(\tilde{u}_n^i\partial_i\nabla^k\tilde{u}_n^j,\nabla^k\tilde{u}_n^j)_{L^2}|+C\int_{\mathbb{R}^2}|\nabla\tilde{u}_n||\nabla^k\tilde{u}_n|^2dx$$

$$+C\sum_{0<|\beta|<k-1}\int_{\mathbb{R}^2}|D^\alpha\tilde{u}_n||D^\beta\nabla\tilde{u}_n||\nabla^k\tilde{u}_n|dx$$

$$\leqslant C\|\nabla\tilde{u}_n\|_{L^\infty}\|\nabla^k\tilde{u}_n\|_{L^2}^2$$

$$+ C \sum_{0<|\beta|<k-1} \| D^{\alpha}\tilde{u}_n \|_{L^4} \| D^{\beta} \nabla\tilde{u}_n \|_{L^4} \| \nabla^k\tilde{u}_n \|_{L^2}$$

$$\leqslant C \| \nabla\tilde{u}_n \|_{L^\infty} \| \nabla^k\tilde{u}_n \|_{L^2}^2 + C \sum_{0<|\beta|<k-1} \| D^{\alpha}\tilde{u}_n \|_{H^1} \| D^{\beta} \nabla\tilde{u}_n \|_{H^1} \| \nabla^k\tilde{u}_n \|_{L^2}$$

$$\leqslant C \| \nabla\tilde{u}_n \|_{L^\infty} \| \tilde{u}_n \|_{H^k}^2 + C \| \tilde{u}_n \|_{H^k}^3, \tag{6.15}$$

$$|I_2| = |(\nabla^k(\tilde{u}_n \cdot \nabla\bar{u}_n), \nabla^k\bar{u}_n)_{L^2}|$$

$$\leqslant |(\tilde{u}_n^i \partial_i \nabla^k \bar{u}_n^j, \nabla^k\bar{u}_n^j)_{L^2}| + C\left| \sum_{|\alpha|+|\beta|=k, 0<|\alpha|\leqslant k} (D^{\alpha}\tilde{u}_n \cdot \nabla D^{\beta}\bar{u}_n, \nabla^k\bar{u}_n)_{L^2} \right|$$

$$\leqslant C\left|\left(\sum_{|\alpha|=1, |\beta|=k-1} + \sum_{|\alpha|=k, |\beta|=0} + \sum_{0<|\beta|<k-1} \right) (D^{\alpha}\tilde{u}_n \cdot \nabla D^{\beta}\bar{u}_n, \nabla^k\bar{u}_n)_{L^2} \right|$$

$$\leqslant \| \nabla\tilde{u}_n \|_{L^\infty} \| \nabla^k\bar{u}_n \|_{L^2}^2 + C \| \nabla\bar{u}_n \|_{L^\infty} \| \nabla^k\tilde{u}_n \|_{L^2} \| \nabla^k\bar{u}_n \|_{L^2}$$

$$+ C \sum_{0<|\beta|<k-1} \| D^{\alpha}\tilde{u}_n \|_{L^4} \| \nabla D^{\beta}\bar{u}_n \|_{L^4} \| \nabla^k\tilde{u} \|_{L^2}$$

$$\leqslant C \| \nabla\tilde{u}_n \|_{L^\infty} \| \nabla^k\bar{u}_n \|_{L^2}^2 + C \| \nabla\bar{u}_n \|_{L^\infty} \| \nabla^k\tilde{u}_n \|_{L^2} \| \nabla^k\bar{u}_n \|_{L^2}$$

$$+ C \| \tilde{u}_n \|_{H^k} \| \bar{u}_n \|_{H^k}, \tag{6.16}$$

$$|I_3 + I_4| = |(\nabla^k(\bar{u}_n \cdot \nabla\bar{u}_n), \nabla^k\tilde{u}_n)_{L^2} + (\nabla^k(\bar{u}_n \cdot \nabla\tilde{u}_n), \nabla^k\bar{u}_n)_{L^2}|$$

$$\leqslant |(\bar{u}_n^i \partial_i \nabla^k \bar{u}_n^j, \nabla^k\tilde{u}_n^j)_{L^2} + (\bar{u}_n^i \partial_i \nabla^k \tilde{u}_n^j, \nabla^k\bar{u}_n^j)_{L^2}|$$

$$+ C \sum_{0<|\alpha|\leqslant k, |\alpha|+|\beta|=k} [(D^{\alpha}\bar{u}_n \cdot \nabla D^{\beta}\bar{u}_n, \nabla^k\tilde{u}_n)_{L^2} + (D^{\alpha}\bar{u}_n \cdot \nabla D^{\beta}\tilde{u}, \nabla^k\bar{u}_n)_{L^2}]$$

$$\leqslant C\left(\sum_{|\alpha|=1, |\beta|=k-1} + \sum_{|\alpha|=k, |\beta|=0} + \sum_{0<|\beta|<k-1} \right)$$

$$[(D^{\alpha}\bar{u}_n \cdot \nabla D^{\beta}\bar{u}_n, \nabla^k\tilde{u}_n)_{L^2} + (D^{\alpha}\bar{u}_n \cdot \nabla D^{\beta}\tilde{u}_n, \nabla^k\bar{u}_n)_{L^2}]$$

$$\leqslant C \| \nabla\bar{u}_n \|_{L^\infty} \| \nabla^k\bar{u}_n \|_{L^2} \| \nabla^k\tilde{u}_n \|_{L^2} + C \| \nabla\tilde{u}_n \|_{L^\infty} \| \nabla^k\bar{u}_n \|_{L^2}^2$$

$$+ C \sum_{0<|\beta|<k-1} \| D^{\alpha}\bar{u}_n \|_{L^4} (\| \nabla D^{\beta}\bar{u}_n \|_{L^4} \| \nabla^k\tilde{u}_n \|_{L^2}$$

$$+ \| \nabla D^{\beta}\tilde{u}_n \|_{L^4} \| \nabla^k\bar{u}_n \|_{L^2})$$

$$\leqslant C \| \nabla\bar{u}_n \|_{L^\infty} \| \nabla^k\bar{u}_n \|_{L^2} \| \nabla^k\tilde{u}_n \|_{L^2}$$

$$+ C \| \nabla\tilde{u}_n \|_{L^\infty} \| \nabla^k\bar{u}_n \|_{L^2}^2 + C \| \tilde{u}_n \|_{H^k} \| \bar{u}_n \|_{H^k}^2 。 \tag{6.17}$$

结合式 (6. 14)—(6. 17),可得

$$\frac{d}{dt}(\| \nabla^k\tilde{u}_n \|_{L^2}^2 + \| \nabla^k\bar{u}_n \|_{L^2}^2) + 2\mu\int_{\mathbb{R}^2} |\nabla^{k+1}\tilde{u}_n|^2 dx + 2a\int_{\mathbb{R}^2} |\nabla^k\bar{u}_n|^2 dx$$

$$\leqslant C(\| \nabla\tilde{u}_n \|_{L^\infty} + \| \nabla\bar{u}_n \|_{L^\infty}) (\| \tilde{u}_n \|_{H^k}^2 + \| \bar{u}_n \|_{H^k}^2)$$

$$+ C(\| \tilde{u}_n \|_{H^k}^3 + \| \bar{u}_n \|_{H^k}^3) 。 \tag{6.18}$$

因此,将 $k \leqslant s$ 相加。则对 $s \geqslant 3$ 有

$$\frac{d}{dt}(\|\tilde{u}_n\|_{H^s}^2 + \|\bar{u}_n\|_{H^s}^2) + 2\mu\|\nabla\tilde{u}_n\|_{H^s}^2 + a\|\bar{u}_n\|_{H^s}^2 dx$$

$$\leqslant C\|\tilde{u}_n\|_{H^s}^3 + C\|\bar{u}_n\|_{H^s}^3, \tag{6.19}$$

可以得到:

$$\|\tilde{u}_n\|_{H^s} + \|\bar{u}_n\|_{H^s} \leqslant \frac{\|\tilde{u}_0\|_{H^s} + \|\bar{u}_0\|_{H^s}}{1 - \frac{1}{2}CT(\|\tilde{u}_0\|_{H^s} + \|\bar{u}_0\|_{H^s})}, \tag{6.20}$$

取 $T < \frac{2}{C(\|\tilde{u}_0\|_{H^s} + \|\bar{u}_0\|_{H^s})}$, 可得

$$\|\tilde{u}_n\|_{H^s} + \|\bar{u}_n\|_{H^s} + \int_0^t (\|\nabla\tilde{u}_n\|_{H^s}^2 + \|\bar{u}_n\|_{H^s}^2)\, ds \leqslant C, \quad t \in [0,T]。\tag{6.21}$$

此外, 利用方程 $(6.9)_1$—$(6.9)_2$, 容易证明 $(\partial_t\tilde{u}, \partial_t\bar{u})$ 在 $L^2(0,T; H^{s-1}(\mathbb{R}^2))$ 一致有界。结合 Lions-Aubin's 紧性定理当 $k \to +\infty$时, 存在 $(\tilde{u}_{n_k}, \bar{u}_{n_k})$ 以及函数 $(\tilde{u}, \bar{u})$ 使得

$$\tilde{u}_{n_k} \to \tilde{u}, \text{ 在 } L^2(0,T;H^s_{loc}),$$

$$\bar{u}_{n_k} \to \bar{u}, \text{ 在 } L^2(0,T;H^{s-1}_{loc})。$$

对方程 (6.9) 取极限可以得到极限函数 $(\tilde{u}, \bar{u})$ 满足方程(6.3)。

第三步: 关于时间的连续性

先证明 $(\tilde{u}, \bar{u})$ 在弱拓扑 H^s 连续,即证明 $\tilde{u} \in C_W([0,T];H^s)$。事实上对任意的 $\varphi \in H^{-s}$, $[\varphi, \tilde{u}]$ 表示 H^s 的对偶。利用 Lions-Aubin's 定理,存在 $s' < s$ 有

$$\tilde{u}_{n_k} \to \tilde{u}, \quad \text{在} \quad C(0,T;H^{s'}),$$

则有 $[\varphi, \tilde{u}_{n_k}] \to [\varphi, \tilde{u}]$ 在 $[0,T]$ 上一致收敛。对任意的 $\varphi \in H^{-s'}$, 注意到 $H^{-s'}$ 在 H^{-s} 中稠密。则可以得到 $[\varphi, \tilde{u}_{n_k}] \to [\varphi, \tilde{u}]$ 在 $[0,T]$ 上对任意的 $\varphi \in H^{-s}$ 一致收敛。这蕴含 $\tilde{u} \in C_W([0,T];H^s)$。

对方程 $(6.3)_1$ 与 $\tilde{u}$ 在 H^s 上做内积,并注意当 $s \geqslant 3$ 时,有

$$
\begin{aligned}
&\frac{1}{2}\frac{d}{dt}\|\tilde{u}\|_{H^s}^2+2\mu\|\nabla\tilde{u}\|_{L^2}^2\\
&=-(\tilde{u}\cdot\nabla\tilde{u},\tilde{u})_{H^s}-(\bar{u}\cdot\nabla\bar{u},\bar{u})_{H^s}\\
&\leqslant|(\tilde{u}\cdot\nabla\tilde{u},\tilde{u})_{H^s}|+|(\bar{u}\cdot\nabla\bar{u},\bar{u})_{H^s}|\\
&=|(\tilde{u}\otimes\tilde{u},\nabla\tilde{u})_{H^s}|+|(\bar{u}\otimes\bar{u},\bar{u})_{H^s}|\\
&\leqslant C(\|\tilde{u}\|_{H^s}^4+\|\bar{u}\|_{H^s}^4)+\frac{1}{2}\mu\|\nabla\tilde{u}\|_{H^s}^2,
\end{aligned}
$$

即可得

$$
\|\tilde{u}\|_{H^s}^2\leqslant\|\tilde{u}_0\|_{H^s}^2+Ct,
$$

容易得到 $\limsup_{t\to0_+}\|\tilde{u}\|_{H^s}\leqslant\|\tilde{u}_0\|_{H^s}$。利用 $\tilde{u}\in C_W([0,T];H^s)$，有 $\liminf_{t\to0_+}\|\tilde{u}\|_{H^s}\geqslant\|\tilde{u}_0\|_{H^s}$，特别地有 $\lim_{t\to0_+}\|\tilde{u}\|_{H^s}=\|\tilde{u}_0\|_{H^s}$，再利用经典的方法可以得到 $\tilde{u}\in C([0,T];H^s)$。

同理，结合式(6.20)以及 $\tilde{u}\in C([0,T];H^s)$，有 $\limsup_{t\to0_+}\|\bar{u}\|_{H^s}\leqslant\|\bar{u}_0\|_{H^s}$。注意到 $\bar{u}\in C_W([0,T];H^s)$，可以得到 $\lim_{t\to0_+}\|\bar{u}\|_{H^s}=\|\bar{u}_0\|_{H^s}$. 对任意的 $T_0\in[0,T]$，令 $\bar{u}(x,T_0)$ 为初值，重复上述工作可以得到 $\lim_{t\to T_0}\|\bar{u}\|_{H^s}=\|\bar{u}(T_0)\|_{H^s}$，即可得 $\bar{u}\in C([0,T];H^s)$。

第四步：解的唯一性

令 $(\tilde{u}_1,\bar{u}_1)$、$(\tilde{u}_2,\bar{u}_2)$ 表示方程的两个解，表示 $\delta_{\tilde{u}}=\tilde{u}_1-\tilde{u}_2$、$\delta_{\bar{u}}=\bar{u}_1-\bar{u}_2$，则 $(\delta_{\tilde{u}},\delta_{\bar{u}})$ 满足：

$$
\begin{cases}
\partial_t\delta_{\tilde{u}}-\mu\Delta\delta_{\tilde{u}}+\nabla P=-\frac{1}{2}\tilde{u}_1\cdot\nabla\delta_{\tilde{u}}-\frac{1}{2}\delta_{\tilde{u}}\nabla\tilde{u}_2-\frac{1}{2}\bar{u}_1\cdot\nabla\delta_{\bar{u}}-\frac{1}{2}\delta_{\bar{u}}\cdot\nabla\bar{u}_2,\\
\partial_t\delta_{\bar{u}}+a\delta_{\bar{u}}=-\frac{1}{2}\tilde{u}_1\cdot\nabla\delta_{\bar{u}}-\frac{1}{2}\delta_{\tilde{u}}\cdot\nabla\bar{u}_2-\frac{1}{2}\bar{u}_1\cdot\nabla\delta_{\tilde{u}}-\frac{1}{2}\delta_{\bar{u}}\cdot\nabla\tilde{u}_2。
\end{cases}
\tag{6.22}
$$

由 L^2 能量估计可得

$$\frac{d}{dt}(\|\delta_{\tilde{u}}\|_{L^2}^2+\|\delta_{\bar{u}}\|_{L^2}^2)\leqslant C(\|\delta_{\tilde{u}}\|_{L^2}^2+\|\delta_{\bar{u}}\|_{L^2}^2),$$

再利用 Gronwall 不等式,可得 $\delta_{\tilde{u}}=0$ 和 $\delta_{\bar{u}}=0$。

这样定理 6.2 就证明完毕。

第三节　整体适定性

定理 6.2 给出了方程(4.3)—(4.4)局部解 $(\tilde{u},\bar{u})$ 存在性结果,假设 $[0,T^*)$ 是 (6.3)—(6.4) 解的最大存在时间区间,下面我们要证明 $T^*=+\infty$。为了证明这个结论,利用反证法假设 $T^*<+\infty$。

首先,给出方程 (6.3)—(6.4) 局部解的一些先验估计。下面给出基本能量估计。

引理 6.3　设 $(\tilde{u},\bar{u})$ 为方程 (4.3)—(4.4) 如定理 6.2 中的解,则存在常数 C 满足:

$$\int_{\mathbb{R}^2}(|\tilde{u}|^2+|\bar{u}|^2)dx+\int_0^t\int_{\mathbb{R}^2}2(\mu|\nabla\tilde{u}|^2+a|\bar{u}|^2)dxd\tau\leqslant C。\tag{6.23}$$

证明: 方程 $(6.3)_1$ 两边乘以 $\tilde{u}$, 方程 $(6.3)_2$ 两边乘以 $\bar{u}$, 两式相加, 利用分部积分可以得到 (6.23)。■

下面的引理将给出 $(\nabla\tilde{u},\nabla\bar{u})$ 的 L^2 范数估计。

引理 6.4　设 $(\tilde{u},\bar{u})$ 为方程 (6.3)—(6.4) 如定理 6.2 中的解,则存在常数 C 满足:

$$\int_{\mathbb{R}^2}(|\nabla\tilde{u}|^2+|\nabla\bar{u}|^2)dx+\int_0^t\int_{\mathbb{R}^2}2(\mu|\nabla^2\tilde{u}|^2+\alpha|\nabla\bar{u}|^2)dxd\tau\leqslant C。\tag{6.24}$$

证明: 令 $\widetilde{\omega}\triangleq\text{curl}\tilde{u}$、$\overline{\omega}\triangleq\text{curl}\bar{u}$ 并注意:

$$\text{curl}(\tilde{u}\cdot\nabla\tilde{u})=\tilde{u}\cdot\nabla\widetilde{\omega},\quad \text{curl}(\bar{u}\cdot\nabla\bar{u})=\bar{u}\cdot\nabla\overline{\omega},$$

$$\text{curl}(\tilde{u}\cdot\nabla\bar{u}+\bar{u}\cdot\nabla\tilde{u})=\tilde{u}\cdot\nabla\overline{\omega}+\bar{u}\cdot\nabla\widetilde{\omega}。$$

则方程 (6.3)—(6.4) 可以写为

$$\begin{cases}\tilde{\omega}_t + \frac{1}{2}\tilde{u}\cdot\nabla\tilde{\omega} + \frac{1}{2}\bar{u}\cdot\nabla\bar{\omega} - \mu\Delta\tilde{\omega} = 0,\\ \bar{\omega}_t + \frac{1}{2}\tilde{u}\cdot\nabla\bar{\omega} + \frac{1}{2}\bar{u}\cdot\nabla\tilde{\omega} + a\bar{\omega} = 0。\end{cases} \tag{6.25}$$

方程 $(6.25)_1$ 两边乘以 $\tilde{\omega}$, 方程 $(6.25)_2$ 两边乘以 $\bar{\omega}$, 得到:

$$\begin{aligned}&\frac{1}{2}\frac{d}{dt}\int_{\mathbb{R}^2}(|\tilde{\omega}|^2 + |\bar{\omega}|^2)dx + \int_{\mathbb{R}^2}(\mu\ |\nabla\tilde{\omega}|^2 + \alpha\ |\bar{\omega}|^2)dxds\\ =& -\frac{1}{2}\int_{\mathbb{R}^2}[(\tilde{u}\cdot\nabla\tilde{\omega})\cdot\tilde{\omega} + (\tilde{u}\cdot\nabla\bar{\omega})\cdot\bar{\omega}]dx\\ &-\frac{1}{2}\int_{\mathbb{R}^2}[(\bar{u}\cdot\nabla\bar{\omega})\cdot\tilde{\omega} + (\bar{u}\cdot\nabla\tilde{\omega})\cdot\bar{\omega}]dx。\end{aligned} \tag{6.26}$$

注意到式 (6.26) 右边的项为零,事实上,利用分部积分,有

$$\begin{aligned}&\int_{\mathbb{R}^2}[(\tilde{u}\cdot\nabla\tilde{\omega})\cdot\tilde{\omega} + (\tilde{u}\cdot\nabla\bar{\omega})\cdot\bar{\omega}]\ dx\\ =& -\frac{1}{2}\int_{\mathbb{R}^2}\partial_i\tilde{u}^i(|\tilde{\omega}^j|^2 + |\bar{\omega}^j|^2)\ dx = 0,\end{aligned} \tag{6.27}$$

以及

$$\begin{aligned}&\int_{\mathbb{R}^2}[(\bar{u}\cdot\nabla\bar{\omega})\cdot\tilde{\omega} + (\bar{u}\cdot\nabla\tilde{\omega})\cdot\bar{\omega}]dx\\ =& \int_{\mathbb{R}^2}(\bar{u}^i\partial^i\bar{\omega}^j\tilde{\omega}^j + \bar{u}^i\partial^i\tilde{\omega}^j\bar{\omega}^j)\ dx\\ =& \int_{\mathbb{R}^2}(\bar{u}^i\partial^i\bar{\omega}^j\tilde{\omega}^j - \bar{u}^i\partial^i\bar{\omega}^j\tilde{\omega}^j)\ dx = 0。\end{aligned} \tag{6.28}$$

这样可以得到:

$$\|\tilde{\omega}\|_{L^2}^2 + \|\bar{\omega}\|_{L^2}^2 + \int_0^t(\|\ \nabla\tilde{\omega}\|_{L^2}^2 + \|\bar{\omega}\|_{L^2}^2)\ d\tau \leqslant C。 \tag{6.29}$$

引理 6.4 证明完毕。 ■

为了保证局部解延拓到全局解,需要得到解的高阶估计。

引理 6.5 设 $(\tilde{u},\bar{u})$ 为方程 (6.3)—(6.4) 如定理 6.2 中的解,则存在常数 C 满足:

$$(\|\tilde{u}\|_{H^s}^2+\|\bar{u}\|_{H^s}^2)+\int_0^t(\|\nabla\tilde{u}\|_{H^s}^2+\|\bar{u}\|_{H^s}^2)\,d\tau\leqslant C。\tag{6.30}$$

证明：用归纳法来证明引理的结论。对 $s=3$，可以证明：

$$(\|\tilde{u}\|_{H^3}^2+\|\bar{u}\|_{H^3}^2)+\int_0^t(\|\nabla\tilde{u}\|_{H^3}^2+\|\bar{u}\|_{H^3}^2)\,d\tau\leqslant C。\tag{6.31}$$

事实上，对方程 $(6.3)_1$ 和方程 $(6.3)_2$ 分别作用算子 ∇^2，并分别乘以 $\nabla^2\tilde{u},\nabla^2\bar{u}$，然后在 $\mathbb{R}^2$ 上积分，可得

$$\begin{aligned}
&\frac{1}{2}\frac{d}{dt}\int_{\mathbb{R}^2}(|\nabla^2\tilde{u}|^2+|\nabla^2\bar{u}|^2)\,dx+\int_{\mathbb{R}^2}(\mu|\nabla^3\tilde{u}|^2+a|\nabla^2\bar{u}|^2)\,dx\\
=&-\frac{1}{2}\int_{\mathbb{R}^2}\nabla^2(\tilde{u}\cdot\nabla\tilde{u})\cdot\nabla^2\tilde{u}dx-\frac{1}{2}\int_{\mathbb{R}^2}\nabla^2(\tilde{u}\cdot\nabla\bar{u})\cdot\nabla^2\bar{u}dx\\
&-\frac{1}{2}\int_{\mathbb{R}^2}\nabla^2(\bar{u}\cdot\nabla\bar{u})\cdot\nabla^2\tilde{u}dx-\frac{1}{2}\int_{\mathbb{R}^2}\nabla^2(\bar{u}\cdot\nabla\tilde{u})\cdot\nabla^2\bar{u}dx\\
=&\sum_i^4 J_i。
\end{aligned}\tag{6.32}$$

利用分部积分、引理 6.3—6.4 以及 H^s 的插值不等式，J_1—J_4 项有如下估计：

$$\begin{aligned}
J_1&=-\frac{1}{2}\int_{\mathbb{R}^2}\nabla^2(\tilde{u}\cdot\nabla\tilde{u})\cdot\nabla^2\tilde{u}dx\\
&\leqslant\left|\int_{\mathbb{R}^2}\tilde{u}^i\partial_i(\nabla^2\tilde{u}^j)(\nabla^2\tilde{u}^j)\,dx\right|+\int_{\mathbb{R}^2}|\nabla\tilde{u}||\nabla^2\tilde{u}|^2dx\\
&\leqslant C\|\nabla\tilde{u}\|_{L^\infty}\|\nabla^2\tilde{u}\|_{L^2}^2,
\end{aligned}\tag{6.33}$$

$$\begin{aligned}
J_2=&-\frac{1}{2}\int_{\mathbb{R}^2}\nabla^2(\tilde{u}\cdot\nabla\bar{u})\cdot\nabla^2\bar{u}dx\\
\leqslant& C\left\{\left|\int_{\mathbb{R}^2}\tilde{u}^i\partial_i(\nabla^2\bar{u}^j)(\nabla^2\bar{u}^j)\,dx\right|+\int_{\mathbb{R}^2}|\nabla\tilde{u}||\nabla^2\bar{u}|^2dx+\int_{\mathbb{R}^2}|\nabla^2\tilde{u}||\nabla\bar{u}||\nabla^2\bar{u}|dx\right\}\\
\leqslant& C\|\nabla\tilde{u}\|_{L^\infty}\|\nabla^2\bar{u}\|_{L^2}^2+C\|\nabla^2\bar{u}\|_{L^2}\|\nabla\bar{u}\|_{L^4}\|\nabla^2\tilde{u}\|_{L^4}\\
\leqslant& C\|\nabla\tilde{u}\|_{L^\infty}\|\nabla^2\bar{u}\|_{L^2}^2+\frac{a}{4}\|\nabla^2\bar{u}\|_{L^2}^2\\
&+C\|\nabla\bar{u}\|_{L^2}\|\nabla^2\bar{u}\|_{L^2}\|\nabla^2\tilde{u}\|_{L^2}\|\nabla^3\tilde{u}\|_{L^2}\\
\leqslant& C\|\nabla\tilde{u}\|_{L^\infty}\|\nabla^2\bar{u}\|_{L^2}^2+\frac{a}{4}\|\nabla^2\bar{u}\|_{L^2}^2+\frac{\mu}{4}\|\nabla^3\tilde{u}\|_{L^2}^2+C\|\nabla^2\tilde{u}\|_{L^2}^2\|\nabla^2\bar{u}\|_{L^2}^2
\end{aligned}$$

$$\leqslant C(\|\nabla\tilde{u}\|_{L^\infty}+\|\nabla^2\tilde{u}\|_{L^2}^2)(\|\nabla^2\tilde{u}\|_{L^2}^2+\|\nabla^2\bar{u}\|_{L^2}^2)$$

$$+\frac{a}{4}\|\nabla^2\bar{u}\|_{L^2}^2+\frac{\mu}{4}\|\nabla^3\tilde{u}\|_{L^2}^2, \tag{6.34}$$

以及

$$J_3+J_4=-\frac{1}{2}\int_{\mathbb{R}^2}\nabla^2(\bar{u}\cdot\nabla\bar{u})\cdot\nabla^2\tilde{u}dx-\frac{1}{2}\int_{\mathbb{R}^2}\nabla^2(\bar{u}\cdot\nabla\tilde{u})\cdot\nabla^2\bar{u}dx$$

$$\leqslant\left|\int_{\mathbb{R}^2}[\bar{u}^i\partial_i(\nabla^2\bar{u})(\nabla^2\tilde{u})+\bar{u}^i\partial_i(\nabla^2\tilde{u})(\nabla^2\bar{u})]dx\right|+\int_{\mathbb{R}^2}|\nabla\bar{u}||\nabla^2\bar{u}||\nabla^2\tilde{u}|dx$$

$$+\int_{\mathbb{R}^2}|\nabla\tilde{u}||\nabla^2\bar{u}|^2dx$$

$$\leqslant C(\|\nabla\tilde{u}\|_{L^\infty}+\|\nabla^2\tilde{u}\|_{L^2}^2)(\|\nabla^2\tilde{u}\|_{L^2}^2+\|\nabla^2\bar{u}\|_{L^2}^2)$$

$$+\frac{a}{4}\|\nabla^2\bar{u}\|_{L^2}^2+\frac{\mu}{4}\|\nabla^3\tilde{u}\|_{L^2}^2。 \tag{6.35}$$

结合式(6.32)—(6.35),得到:

$$\frac{d}{dt}\int_{\mathbb{R}^2}(|\nabla^2\tilde{u}|^2+|\nabla^2\bar{u}|^2)dx+\int(|\nabla^3\tilde{u}|^2+|\nabla^2\bar{u}|^2)dx$$

$$\leqslant C(\|\nabla\tilde{u}\|_{L^\infty}+\|\nabla^2\tilde{u}\|_{L^2}^2)(\|\nabla^2\tilde{u}\|_{L^2}^2+\|\nabla^2\bar{u}\|_{L^2}^2)。 \tag{6.36}$$

同理,分别对方程$(6.3)_1$—$(6.3)_2$作用∇^3,分别乘以$\nabla^3\tilde{u}$,然后在$\mathbb{R}^2$上积分,可得

$$\frac{1}{2}\frac{d}{dt}\int_{\mathbb{R}^2}(|\nabla^3\tilde{u}|^2+|\nabla^3\bar{u}|^2)dx+\int_{\mathbb{R}^2}(\mu|\nabla^4\tilde{u}|^2+a|\nabla^3\bar{u}|^2)dx$$

$$=-\frac{1}{2}\int_{\mathbb{R}^2}\nabla^3(\tilde{u}\cdot\nabla\tilde{u})\cdot\nabla^3\tilde{u}dx-\frac{1}{2}\int_{\mathbb{R}^2}\nabla^3(\tilde{u}\cdot\nabla\bar{u})\cdot\nabla^3\bar{u}dx$$

$$-\frac{1}{2}\int_{\mathbb{R}^2}\nabla^3(\bar{u}\cdot\nabla\bar{u})\cdot\nabla^3\tilde{u}dx-\frac{1}{2}\int_{\mathbb{R}^2}\nabla^3(\bar{u}\cdot\nabla\tilde{u})\cdot\nabla^3\bar{u}dx$$

$$=\sum_i^4K_i。 \tag{6.37}$$

再次利用分部积分,可得

$$K_1=-\frac{1}{2}\int_{\mathbb{R}^2}\nabla^3(\tilde{u}\cdot\nabla\tilde{u})\cdot\nabla^3\tilde{u}dx$$

$$\leqslant \left|\int_{\mathbb{R}^2}\tilde{u}^i\partial_i(\nabla^3\tilde{u}^j)(\nabla^3\tilde{u}^j)dx\right| + \int_{\mathbb{R}^2}|\nabla\tilde{u}||\nabla^3\tilde{u}|^2dx + \int_{\mathbb{R}^2}|\nabla^2\tilde{u}|^2|\nabla^3\tilde{u}|dx$$

$$\leqslant C\|\nabla\tilde{u}\|_{L^\infty}\|\nabla^3\tilde{u}\|_{L^2}^2 + C\|\nabla^2\tilde{u}\|_{L^4}^2\|\nabla^3\tilde{u}\|_{L^2}$$

$$\leqslant C(\|\nabla\tilde{u}\|_{L^\infty} + \|\nabla^2\tilde{u}\|_{L^2})\|\nabla^3\tilde{u}\|_{L^2}^2。\tag{6.38}$$

$$K_2 = -\frac{1}{2}\int_{\mathbb{R}^2}\nabla^3(\tilde{u}\cdot\nabla\bar{u})\cdot\nabla^3\bar{u}dx$$

$$\leqslant \left|\int_{\mathbb{R}^2}\tilde{u}^i\partial_i(\nabla^3\bar{u}^j)(\nabla^3\bar{u}^j)dx\right| + C\int_{\mathbb{R}^2}|\nabla\tilde{u}||\nabla^3\bar{u}|^2dx$$

$$+ C\int_{\mathbb{R}^2}|\nabla^2\tilde{u}||\nabla^2\bar{u}||\nabla^3\bar{u}|dx + C\int_{\mathbb{R}^2}|\nabla\bar{u}||\nabla^3\tilde{u}||\nabla^3\bar{u}|dx$$

$$\triangleq C\|\nabla\tilde{u}\|_{L^\infty}\|\nabla^3\bar{u}\|_{L^2}^2 + K_2^1 + K_2^2,\tag{6.39}$$

式(6.39) 的后两项估计如下：

$$K_2^1 = C\int_{\mathbb{R}^2}|\nabla^2\tilde{u}||\nabla^2\bar{u}||\nabla^3\bar{u}|dx$$

$$\leqslant C\|\nabla^2\tilde{u}\|_{L^4}^2\|\nabla^2\bar{u}\|_{L^4}^2 + C\|\nabla^3\bar{u}\|_{L^2}^2$$

$$\leqslant \|\nabla^2\tilde{u}\|_{L^2}\|\nabla^3\tilde{u}\|_{L^2}\|\nabla^2\bar{u}\|_{L^2}\|\nabla^3\bar{u}\|_{L^2} + C\|\nabla^3\bar{u}\|_{L^2}^2$$

$$\leqslant C\|\nabla^3\bar{u}\|_{L^2}^2 + C\|\nabla^2\tilde{u}\|_{L^2}^2\|\nabla^3\bar{u}\|_{L^2}^2 + \|\nabla^3\tilde{u}\|_{L^2}^2\|\nabla^2\bar{u}\|_{L^2}^2$$

$$\leqslant C\|\nabla^3\bar{u}\|_{L^2}^2 + C\|\nabla^2\tilde{u}\|_{L^2}^2\|\nabla^3\bar{u}\|_{L^2}^2 + C\|\nabla^2\tilde{u}\|_{L^2}\|\nabla^4\tilde{u}\|_{L^2}\|\nabla\bar{u}\|_{L^2}\|\nabla^3\bar{u}\|_{L^2}$$

$$\leqslant C\|\nabla^3\bar{u}\|_{L^2}^2 + C\|\nabla^2\tilde{u}\|_{L^2}^2\|\nabla^3\bar{u}\|_{L^2}^2 + \frac{\mu}{8}\|\nabla^4\tilde{u}\|_{L^2}^2\tag{6.40}$$

以及

$$K_2^2 = C\int_{\mathbb{R}^2}|\nabla\bar{u}||\nabla^3\tilde{u}||\nabla^3\bar{u}|dx \leqslant C\|\nabla\bar{u}\|_{L^4}\|\nabla^3\tilde{u}\|_{L^4}\|\nabla^3\bar{u}\|_{L^2}$$

$$\leqslant C\|\nabla\bar{u}\|_{L^2}\|\nabla^2\bar{u}\|_{L^2}\|\nabla^3\tilde{u}\|_{L^2}\|\nabla^4\bar{u}\|_{L^2} + C\|\nabla^3\bar{u}\|_{L^2}^2$$

$$\leqslant \frac{\mu}{16}\|\nabla^4\tilde{u}\|_{L^2}^2 + C\|\nabla^3\bar{u}\|_{L^2}^2 + C\|\nabla^2\bar{u}\|_{L^2}^2\|\nabla^3\tilde{u}\|_{L^2}^2$$

$$\leqslant \frac{\mu}{16}\|\nabla^4\tilde{u}\|_{L^2}^2 + C\|\nabla^3\bar{u}\|_{L^2}^2 + \|\nabla\bar{u}\|_{L^2}\|\nabla^3\bar{u}\|_{L^2}\|\nabla^2\tilde{u}\|_{L^2}\|\nabla^4\tilde{u}\|_{L^2}$$

$$\leqslant \frac{\mu}{8}\|\nabla^4\tilde{u}\|_{L^2}^2 + C(1 + \|\nabla^2\tilde{u}\|_{L^2}^2)\|\nabla^3\bar{u}\|_{L^2}^2,\tag{6.41}$$

将式（6.40）—（6.41）代入式（6.39），可得

$$K_2 \leqslant \frac{\mu}{4}\|\nabla^4\tilde{u}\|_{L^2}^2 + C(1+\|\nabla^2\tilde{u}\|_{L^2}^2+\|\nabla\tilde{u}\|_{L^\infty})\|\nabla^3\bar{u}\|_{L^2}^2。\tag{6.42}$$

同理,可以得到:

$$\begin{aligned}K_3+K_4 &= -\frac{1}{2}\int_{\mathbb{R}^2}\nabla^3(\bar{u}\cdot\nabla\bar{u})\cdot\nabla^3\tilde{u}dx - \frac{1}{2}\int_{\mathbb{R}^2}\nabla^3(\bar{u}\cdot\nabla\tilde{u})\cdot\nabla^3\bar{u}dx\\ &\leqslant \left|\int_{\mathbb{R}^2}[\bar{u}^i\partial_i(\nabla^3\bar{u})(\nabla^3\tilde{u})+\bar{u}^i\partial_i(\nabla^3\tilde{u})(\nabla^3\bar{u})]\,dx\right|\\ &\quad + C\int_{\mathbb{R}^2}(|\nabla\bar{u}||\nabla^3\bar{u}||\nabla^3\tilde{u}|+|\nabla^2\bar{u}|^2|\nabla^3\tilde{u}|\\ &\quad + |\nabla^2\bar{u}||\nabla^3\bar{u}||\nabla^2\tilde{u}|+|\nabla\tilde{u}||\nabla^3\bar{u}|^2)\,dx,\end{aligned}\tag{6.43}$$

这里只需要估计 $\int_{\mathbb{R}^2}|\nabla^2\bar{u}|^2|\nabla^3\tilde{u}|dx$ 项,即

$$\begin{aligned}\int_{\mathbb{R}^2}|\nabla^2\bar{u}|^2|\nabla^3\tilde{u}|dx &\leqslant C\int_{\mathbb{R}^2}\|\nabla^2\bar{u}\|_{L^4}^2\|\nabla^3\tilde{u}\|_{L^2}dx\\ &\leqslant C\|\nabla^2\bar{u}\|_{L^2}\|\nabla^3\bar{u}\|_{L^2}\|\nabla^3\tilde{u}\|_{L^2}\\ &\leqslant \frac{\mu}{8}\|\nabla^4\tilde{u}\|_{L^2}^2 + C(1+\|\nabla^2\tilde{u}\|_{L^2}^2)\|\nabla^3\bar{u}\|_{L^2}^2。\end{aligned}\tag{6.44}$$

利用式（6.40）—（6.41）和式（6.44），有

$$K_3+K_4 \leqslant \frac{\mu}{4}\|\nabla^4\tilde{u}\|_{L^2}^2 + C(1+\|\nabla^2\tilde{u}\|_{L^2}^2+\|\nabla\tilde{u}\|_{L^\infty})\|\nabla^3\bar{u}\|_{L^2}^2。\tag{6.45}$$

结合估计式（6.38）、式(6.42)和式(6.45),再与式(6.36)相结合,可得

$$\begin{aligned}&\frac{d}{dt}(\|\tilde{u}\|_{H^3}^2+\|\bar{u}\|_{H^3}^2)\\ &\leqslant C(1+\|\nabla^2\tilde{u}\|_{L^2}^2+\|\nabla\tilde{u}\|_{L^\infty})(\|\tilde{u}\|_{H^3}^2+\|\bar{u}\|_{H^3}^2)。\end{aligned}\tag{6.46}$$

利用 Gronwall 不等式,有

$$\|\tilde{u}\|_{H^3}^2+\|\bar{u}\|_{H^3}^2$$

$$\leqslant (\|\tilde{u}_0\|_{H^3}^2 + \|\bar{u}_0\|_{L^2}^2)\exp\left(\int_0^t (1 + \|\nabla\tilde{u}\|_{L^\infty} + \|\nabla^2\tilde{u}\|_{L^2})d\tau\right)。\tag{6.47}$$

利用引理6.1中的不等式对任意的 $t \in [0,T^*]$，有

$$\begin{aligned}&\int_0^t (1 + \|\nabla\tilde{u}\|_{L^\infty} + \|\nabla^2\tilde{u}\|_{L^2})d\tau \\ \leqslant\ & C + C\int_0^t (1 + \|\tilde{u}\|_{H^2}^2)\log(e + \|\tilde{u}\|_{H^3})d\tau,\end{aligned}\tag{6.48}$$

则可以得到：

$$\begin{aligned}\|\tilde{u}\|_{H^3}^2 + \|\bar{u}\|_{H^3}^2 &\leqslant (\|\tilde{u}_0\|_{H^3}^2 + \|\bar{u}_0\|_{L^2}^2) \\ &\times \exp\left(C + C\int_0^t (1 + \|\tilde{u}\|_{H^2}^2)\log(e + \|\tilde{u}\|_{H^3})d\tau\right),\end{aligned}\tag{6.49}$$

蕴含

$$\begin{aligned}&\log(e + \|\tilde{u}\|_{H^3}^2 + \|\bar{u}\|_{H^3}^2) \\ \leqslant\ & \log(e + \|\tilde{u}_0\|_{H^3}^2 + \|\bar{u}_0\|_{L^2}^2) + C \\ & + C\int_0^t (1 + \|\tilde{u}\|_{H^2}^2)\log(e + \|\tilde{u}\|_{H^3} + \|\bar{u}\|_{H^3})d\tau,\end{aligned}\tag{6.50}$$

已知 $\tilde{u}$ 在 $L^2(0,T^*;H^2)$ 上有界，再利用 Gronwall 不等式可知 $(\tilde{u},\bar{u})$ 在 $L^\infty(0,T^*;H^3)$ 上有界。

假设式 (6.30) 对任意的 $k \geqslant 3$ 成立，即

$$(\|\tilde{u}\|_{H^k}^2 + \|\bar{u}\|_{H^k}^2) + \int_0^t (\|\nabla\tilde{u}\|_{H^k}^2 + \|\bar{u}\|_{H^k}^2)d\tau \leqslant C。\tag{6.51}$$

下面证明式 (6.30) 对 $k+1$ 也成立。分别对方程 $(6.3)_1$、方程 $(6.3)_2$ 作用算子 $D^\alpha(|\alpha| = k+1)$，分别乘以 $D^\alpha\tilde{u}$、$D^\alpha\bar{u}$，然后在 $\mathbb{R}^2$ 上积分得到：

$$\begin{aligned}&\frac{d}{dt}(\|D^\alpha\tilde{u}\|_{L^2}^2 + \|D^\alpha\bar{u}\|_{L^2}^2) + 2\mu\|D^\alpha\nabla\tilde{u}\|_{L^2} + 2a\|D^\alpha\bar{u}\|_{L^2}^2 \\ =& -(D^\alpha(\tilde{u}\cdot\nabla\tilde{u}),D^\alpha\tilde{u})_{L^2} - (D^\alpha(\tilde{u}\cdot\nabla\bar{u}),D^\alpha\bar{u})_{L^2} \\ &-(D^\alpha(\bar{u}\cdot\nabla\bar{u}),D^\alpha\tilde{u})_{L^2} - (D^\alpha(\bar{u}\cdot\nabla\tilde{u}),D^\alpha\bar{u})_{L^2} \\ =& \sum_i^4 L_i。\end{aligned}\tag{6.52}$$

利用分部积分、Hölder 不等式和 Young 不等式，可得

$$L_1 = -(D^\alpha(\tilde{u}\cdot\nabla\tilde{u}),D^\alpha\tilde{u})_{L^2} = -(\tilde{u}^iD^\alpha\partial_i\tilde{u}^j,D^\alpha\tilde{u}^j)_{L^2}$$

$$-\sum_{0<|\beta|\leqslant k+1,\ |\beta|\leqslant|\alpha|} C_\alpha^\beta(D^\beta\tilde{u}^iD^{\alpha-\beta}\partial_i\tilde{u}^j,D^\alpha\tilde{u}^j)_{L^2}$$

$$\leqslant C + C\|\tilde{u}\|_{H^{k+1}}^2, \tag{6.53}$$

$$L_2 = -(D^\alpha(\tilde{u}\cdot\nabla\bar{u}),D^\alpha\bar{u})_{L^2} = -(\tilde{u}^iD^\alpha\partial_i\bar{u}^j,D^\alpha\bar{u}^j)_{L^2}$$

$$-\sum_{0<|\beta|\leqslant k+1,\ |\beta|\leqslant|\alpha|} C_\alpha^\beta(D^\beta\tilde{u}^iD^{\alpha-\beta}\partial_i\bar{u}^j,D^\alpha\bar{u}^j)_{L^2}$$

$$\leqslant C + C(\|\bar{u}\|_{H^{k+1}}^2 + \|\tilde{u}\|_{H^{k+1}}^2), \tag{6.54}$$

以及

$$L_3 + L_4 = -(D^\alpha(\bar{u}\cdot\nabla\bar{u}),D^\alpha\tilde{u})_{L^2} - (D^\alpha(\bar{u}\cdot\nabla\tilde{u}),D^\alpha\bar{u})_{L^2}$$

$$= -(\bar{u}^iD^\alpha\partial_i\bar{u}^j,D^\alpha\tilde{u}^j)_{L^2} - (\tilde{u}^iD^\alpha\partial_i\bar{u}^j,D^\alpha\tilde{u}^j)_{L^2}$$

$$-\sum_{0<|\beta|\leqslant k+1,\ |\beta|\leqslant|\alpha|} C_\alpha^\beta(D^\beta\bar{u}^iD^{\alpha-\beta}\partial_i\tilde{u}^j,D^\alpha\bar{u}^j)_{L^2}$$

$$-\sum_{0<|\beta|\leqslant k+1,\ |\beta|\leqslant|\alpha|} C_\alpha^\beta(D^\beta\bar{u}^iD^{\alpha-\beta}\partial_i\bar{u}^j,D^\alpha\tilde{u}^j)_{L^2}$$

$$\leqslant C + C(\|\bar{u}\|_{H^{k+1}}^2 + \|\tilde{u}\|_{H^{k+1}}^2), \tag{6.55}$$

结合式（6.52）—(6.55）以及式（6.51），有

$$\frac{d}{dt}(\|D^\alpha\tilde{u}\|_{L^2}^2 + \|D^\alpha\bar{u}\|_{L^2}^2) + 2\mu\|D^\alpha\nabla\tilde{u}\|_{L^2} + 2a\|D^\alpha\bar{u}\|_{L^2}^2$$

$$\leqslant C + C(\|\bar{u}\|_{H^{k+1}}^2 + \|\tilde{u}\|_{H^{k+1}}^2), \tag{6.56}$$

利用 Gronwall 不等式,得到:

$$\begin{aligned}&(\|\nabla^{k+1}\tilde{u}\|_{L^2}^2 + \|\nabla^{k+1}\bar{u}\|_{L^2}^2)\\&+\int_0^t 2(\mu\|\nabla^{k+2}\tilde{u}\|_{L^2}d + a\|\nabla^{k+1}\bar{u}\|_{L^2}^2)\,d\tau \leqslant C。\end{aligned} \tag{6.57}$$

则式（6.30）对于任意的整数 $k\leqslant s$ 成立。利用归纳法可以得到引理 6.5 的结论成立。■

引理 6.5 的结论保证了解（$\tilde{u},\bar{u}$）在 $L^\infty(0,T^*;H^s)$ 上有界。这样解可以延拓到 $t=T^*$ 以后的时间,这与 T^* 的定义矛盾，即可以得到 $T^*=+\infty$。

参考文献

[1] BRESCH D, DESJARDINS B, GHIDAGLIA J M, et al. Global weak solutions to a generic tow-fluid model[J]. Archive for rational mechanics and analysis, 2010(196): 599-629.

[2] BRENNEN C E. Fundamentals of multiphase flow[M]. New York: Cambridge university press, 2005.

[3] ISHII M. Thermo-fluid dynamic theory of two-phase flow[M]. Paris: Eyrolles, 1975.

[4] PROSPERETTI A, TRYGGVASON G. Computational Methods for Multiphase Flow[M]. New York: Cambridge university press, 2007.

[5] ZUBER N, FINDLAY J. Average volumetric concentration in two-phase system[J]. Journal of Heat Transfer, 1965(87): 453-468.

[6] KOLEV N I. Multiphase flow dynamics, Vol. 1. Fundamentals[M]. Berlin: Springer-Verlag, 2005.

[7] CHANG C H, LIOU M S. A robust and assurate approach to computing compreddible multiphase flow: stratified flow model and up scheme[J]. Journal of computational physics, 2007(225): 840-873.

[8] CORTES J. On the construction of upwind schemes for non-equilibrium transient tow-phase flow[J]. Computers & Fluids, 2002(31): 159-182.

[9] EVJE S, KARLSEN K H. Global weak solutions for a viscous liquid-gas model with singular pressure law[J]. Communications on pure and applied a-

nalysis, 2009(8): 1867-1894.

[10] YAO L, ZHU C J. Free boundary value problem for a viscous two-phase model with mass-dependent viscosity[J]. Journal of differential equations, 2009(247): 2705-2739.

[11] EVJE S T, FRIIS H A. Global weak solutions for a viscous liquid-gas model with transition to single-phase gas flow and vacuum[J]. Nonlinear Anal-model, 2009(70): 3864-3886.

[12] YAO L, ZHU C J. Existence and uniqueness of global weak solution to a two-phase flow model with vacuum[J]. Mathematische Annalen, 2011(349): 903-928.

[13] EVJE S, KARLSEN K H. Global existence of weak solutions for a viscous two-phase model[J]. Journal of differential equations, 2008(245): 2660-2703.

[14] YAO L, ZHANG T, ZHU C J. Existence and asymptotic behavior of global weak solutions to a 2D viscous liquid-gas two-phase flow model[J]. Siam journal on mathematical analysis, 2010(42): 1874-1897.

[15] GUO Z H, YANG J, YAO L. Global strong solution for a 3D viscous liquid-gas two-phase flow model with vacuum[J]. Journal of mathematical physics, 2011(52): 93-102.

[16] YAO L, YANG J, GUO Z H. Global classical solution for a 3D viscous liquid-gas two-fluid flow model[J]. Acta mathematicae applicatae sinica-english series, 2014(30): 989-1006.

[17] WEN H Y, YAO L, ZHU C J. A blow-up criterion of strong solution to a 3D viscous liquid-gas two-phase flow model with vacuum[J]. Journal de mathematiques pures et appliquees, 2012(97): 204-229.

[18] YAO L, ZHANG T, ZHU C J. A blow-up criterion for a 2D viscous liquid-gas tow-phase flow model[J]. Journal of differential equations, 2011(250): 3362-3378.

[19] HOU X F, WEN H Y. A blow-up criterion of strong solutions to a viscous liquid-gas two-phase ow model with vacuum in 3D[J]. Nonlinear anal., 2012(75): 5229-5237.

[20] HAO C C, LI H L. Well-posedness for a multidimensional viscous gas-liquid two-phase flow model[J]. Siam journal on mathematical analysis, 2012(44): 1304-1332.

[21] BRESCH D, HUANG X D, LI J. Global weak solutions to one-dimensional non-conservative viscous compressible two-phase system[J]. Communications in mathematical physics, 2012(309): 737-755.

[22] BARANGER C, BOUDIN L, JABIN P E, et al. A modeling of biospray for the upper airways[J]. ESAIM Proceedings and Surveys, 2005(14): 41-47.

[23] BERRES S R, KARLSEN K H, TORY E M. Strongly degenerate parabolic-hyperbolic systems modeling polydisperse sedimentation with compression [J]. Siam Journal on Applied Mathematics, 2003(64): 41-80.

[24] SPANNENBERG A, GALVIN K P. Continuous differential sedimentation of a binary suspension[J]. Chem. Eng. Aust., 1996(21): 7-11.

[25] VINKOVIC I, AGUIRRE C S, et al. Large eddy simulation of droplet dispersion for inhomogeneous turbulent wall flow[J]. International journal of multiphase flow, 2006(32): 344-64.

[26] BOUDIN L, DESVILLETTES L, MOTTE R. A modeling of compressible droplets in a fluid[J]. Communications in mathematical sciences, 2003 (1): 657-669.

[27] CARRILLO J A, GOUDON T. Stability and asymptotic analysis of a fluid-particle interaction model[J]. Communications in partial differential equations, 2006(31): 1349-1379.

[28] MELLET A, VASSEUR A. Global weak solutions for a Vlasov-Fokker-Planck/Navier-Stokes system of equations[J]. Mathematical methods in the

applied sciences, 2007(17): 1039-1063.

[29] MELLET A, VASSEUR A. Asymptotic analysis for a Vlasov-Fokker-Planck/compressible Navier-Stokes system of equations[J]. Communications in mathematical physics, 2008(281): 573-596.

[30] CARRILLO J A, KARPER T, TRIVISA K. On the dynamics of a fluid-particle interaction model: The bubbling regime [J]. Nonlinear anal-model, 2011(74): 2778-2801.

[31] GOUDON T, JABIN P E, VASSEUR A. Hydrodynamic limit for the Vlasov-Navier-Stokes equations. I. Light particles regime[J]. Indiana university mathematics journal, 2004(53): 1495-1515.

[32] GOUDON T, JABIN P E, VASSEUR A. Hydrodynamic limit for the Vlasov-Navier-Stokes equations. II. Fine particles regime[J]. Indiana university mathematics journal, 2004(53): 1517-1536.

[33] HAMDACHE K. Global existence and large time behavior of solutions for theVlasov-Stokes equations[J]. Japan journal of industrial and applied mathematics, 1998(15): 51-74.

[34] FANG D Y, ZI R Z, ZHANG T. Global classical large solutions to a 1D fluid-particle interaction model: The bubbling regime[J]. Journal of mathematical physics, 2012(53): 033706.

[35] SONG Y K, YUAN H J, CHEN Y, et al. Strong solutions for a 1D fluid-particle interaction non-newtonian model: The bubbling regime [J]. Journal of mathematical physics, 2013, 54(9):41-80.

[36] JABIN P E, PERTHAME B. Notes on mathematical problems on the dynamics of dispersed particles interacting through a fluid[M]// Modeling in applied sciences. Boston: Birkhäuser Boston, 2000:111-147.

[37] CAFLISCH R., PAPANICOLAOU G. Dynamic theory of suspensions with Brownian effects [J]. Siam journal on applied mathematics, 1983 (43): 885-906.

[38] CARRILLO J A, GOUDON T, LAFITTE P. Simulation of fluid and particles flows: asymptotic preserving schemes for bubbling and flowing regimes [J]. Journal of computational physics, 2008(227): 7929-7951.

[39] RUSSO G, SMEREKA P. Kinetic theory for bubbly flows I, II[J]. Siam journal on applied mathematics., 1996(56): 327-371.

[40] TESHUKOV V M, GAVRILYUK S L. Kinetic model for the motion of compressible bubbles in a perfect fluid [J]. European journal of mechanics B-fluids, 2002(21): 469-491.

[41] TRUESDELL C A. Sulle basi della thermomeccanica[J]. Rendiconti lincei-scienze fisiche e naturali, 1957(22): 33-38.

[42] TRUESDELL C A. Sulle basi della thermomeccanica[J]. Rendiconti lincei-scienze fisiche e naturali, 1957(22): 158-166.

[43] TRUESDELL C A. Mechanical basis of diffusion[J]. The journal of chemical physics, 1962(37): 2336-2344.

[44] ATKIN R J, CRAINE R E. Continuum theories of mixtures: basic theory and historical developments [J]. Quarterly journal of mechanics and applied mathematics, 1976(29): 209-244.

[45] RAJAGOPAL K R, TAO L. Mechanics of Mixtures[M].Singapore: World Scientific Publishers, 1995

[46] MA'LEK J, RAJAGOPAL K R. A thermodynamic framework for a mixture of two liquids[J]. Nonlinear analysis-real world applications, 2008(9): 1649-1660.

[47] WANG S H, SZERI A Z, RAJAGOPAL K R. Lubrication with emulsion in cold-rolling[J]. Journal of tribology-transactions of the Asme, 1993 (115): 523-531.

[48] WANG S H, AL-SHARIF A, RAJAGOPAL K R, et al. Lubrication with binary mixtures-liquid-liquid emulsion in an EHL conjunction[J]. Journal of tribology-transactions of the Asme, 1993(115): 515-522.

[49] CHAMNIPRASART K, AL-SHARIF A, RAJAGOPAL K R, et al. Lubrication with binary mixtures: bubbly oil[J]. Journal of tribology-transactions of the Asme, 1993(115): 253-260.

[50] AL-SHARIF A, CHAMNIPRASART K, RAJAGOPAL K R, et al. Lubrication with binary mixtures-liquid-liquid emulsion[J]. Journal of tribology-transactions of the Asme,1993(115): 46-55.

[51] SZERI A Z. Fluid Film Lubrication: Theory and Design[M]. Cambridge: Cambridge University Press, 1998.

[52] ZLOTNIK A A. Uniform estimates and stabilization of symmetric solutions of a system of quasilinear equations[J]. Journal of differential equation, 2000(36): 701-716.

[53] SIMON J. Nonhomogeneous viscous incompressible fluids: existence of vecocity, density and pressure[J]. Siam journal on mathematical analysis, 1990(21): 1093-1117.

[54] CHO Y, KIM H. On classical solution of the compressible Navier-Stokes equations with nonnegative nitial densities[J]. Manuscripta mathematica, 2006(120): 91-129.

[55] CHO Y, CHOE H J, KIM H. Unique solvability of the initial boundary value problems for compressible viscous fluids[J]. Journal de mathematiques pures et appliquees, 2004(83): 243-275.

[56] HOFF D, ZUMBRUN K. Multidimensional diffusion waves for the Navier-Stokes equations of compressible flow[J]. Indiana university mathematics journal, 1995(44): 604-676.

[57] HOFF D. Compressible flow in a half-space with Navier boundary conditions[J]. Journal of mathematical fluid mechanics, 2005(7): 315-338

[58] HUANG X D, LI J, XIN Z P. Serrin Type Criterion for the Three-Dimensional Viscous Compressible Flows[J]. Siam journal on mathematical analysis, 2011(43): 1872-1886.

[59] ZHANG T. Global solution of compressible Navier-Stokes equation with a density-dependent viscosity coefficient[J]. Journal of mathematical physics, 2011(52): 043510.

[60] Duan Q, Global well-posedness of classical solutions to the compressible Navier-Stokes equations in a half-space[J]. Journal of differential equation, 2012(253): 167-202.

[61] PEREPELITSA M. Weak solutions of the navier-stokes equations for compressible flows in a half-space with no-slip boundary conditions[J]. Arch. Rational Mech. Anal., 2014(212): 709-726.

[62] SUN Y Z, ZHANG Z F. A blow-up criterion of strong solution for the 2-D compressible Navier-Stokes equations[J]. Science China mathematics, 2011(54): 105-116.

[63] HUANG X D, XIN Z P. A blow-up criterion for classical solutions to the compressible Navier-Stokes equations[J]. Science China mathematics, 2010(53): 671-686.

[64] HUANG X D, LI J, Xin Z P. Blow up criterion for viscous baratropic flows with vacuum states[J]. Communications in mathematical physics, 2011(301): 23-35.

[65] SUN Y Z, WANG C, ZHANG Z F. A Beale-Kato-Majda blow-up criterion for the 3-D compressible Navier-Stokes equations[J]. Journal de mathematiques pures et appliquees, 2011(95): 36-47.

[66] HUANG T, WANG C, WEN H Y. Blow up criterion for compressible nematic liquid crystal flows in dimension three[J]. Arch. Ration. Mech. Anal., 2012(204): 285-311.

[67] VON WAHL W. Estimating by and [J]. Mathematical models & methods in applied sciences, 1992(15): 123-143.

[68] YOSHIDA Z, GIGA Y. Remarks on Spectra of Operator Rot[J]. Mathematische zeitschrift, 1990(204): 235-245.

[69] DUAN R J, LIU H X, UKAI S, et al. Optimal convergence rates for the compressible Navier-Stokes equations with potential force[J]. Journal of differential equation, 2007(238): 220-233.

[70] SHIBATA Y, TANAKA K. Rate of convergence of non-stationary flow to the steady flow of compressible viscous fluid[J]. Computational & applied mathematics, 2007(53): 605-623.

[71] LIU T P, WANG W K. The pointwise estimates of diffusion waves for the Navier-Stokes equations in odd multi-dimensions[J]. Communications in mathematical physics, 1998(196): 145-173.

[72] KOBAYASHI T, SHIBATA Y. Decay estimates of solutions for the equations of motion of compressible viscous and heat-conductive gases in an exterior domain in [J]. Communications in mathematical physics, 1999(200): 621-659.

[73] KAGEI Y, KOBAYASHI T. Asymptotic behavior of solutions of the compressible Navier-Stokes equations on the half space[J]. Archive for rational mechanics and analysis, 2005(177): 231-330.

[74] KAGEI Y, KOBAYASHI T. On large time behavior of solutions to the compressible Navier-Stokes equations in the half space in [J]. Archive for rational mechanics and analysis, 2002(165): 89-159

[75] Matsumura A, Nishida T. The initial value problem for the equations of motion of compressible viscous and heat-conductive fluids[J]. Proceedings of the Japan academy series a-mathematical sciences, 1979(55): 337-342.

[76] DUAN R J, UKAI S, YANG T, et al. Optimal convergence rates for the compressible Navier-Stokes equations with potential farces[J]. Mathematical methods in the applied sciences, 2007(17): 737-758.

[77] DECKELNICK K. Decay estimates for the compressible Navier-Stokes equations in unbounded domains[J]. Mathematische zeitschrift, 1992(209): 115-130.

[78] DECKELNICK K. decay for the compressible Navier-Stokes equations in unbounded domains [J]. Communications in partial differential equations, 1993(18): 1445-1476.

[79] UKAI S, YANG T, ZHAO H J. Convergence rate for the compressible Navier-Stokes equations with external force[J]. Journal of hyperbolic differential equations, 2006(3): 561-574.

[80] LIONS P L. Mathematical topics in fluid mechanics [M]. New York: Oxford university press, 1996.

[81] CHEN Z M, XIN Z P. Homogeneity criterion for the Navier-Stokes equations in the whole spaces[J]. Journal of mathematical fluid mechanics, 2001(3): 152-182.

[82] PLANCHON F. Asymptotic behavior of global solutions to the Navier-Stokes equations in [J]. Revista matematica iberoamericana, 1998(14): 72-93.

[83] KAVIAN O. Remarks on the large time behaviour of a nonlinear diffusion equation[J]. Annales de l'Institut Henri Poincare, 1987(4): 423-452.

[84] BEN-ARTZI M. Global solutions of two-dimensional Navier-Stokes and euler equations [J]. Archive for rational mechanics and analysis, 1994(128): 329-358.

[85] MAJDA A J, BERTOZZI A L. Vorticity and incompressible flow[M]. New York: Cambridge university press, 2002.

[86] WANG C, ZHANG Z F. Global well-posedness for the 2D Boussinesq system with the temperature-dependent viscosity and thermal diffusvity[J]. Advances in mathematics, 2011(28): 43-62.

附录

有关混合流体方程组方面的研究，还有很多问题没有解决，有待进一步深入研究。

从第二章到第四章的内容来看，在讨论气体—液体两相流模型时，对模型进行了简化，比如我们假设气体和液体的速度相等。在实际情况下，液体和气体是同时存在但又不相互独立的。例如在石油运输过程中，石油和天然气是存在一定范围的相互转化的，所以模型中的质量守恒方程可以进一步完善为包含两种流体的质量守恒方程。使得模型得到进一步的完善。还可以考虑模型中液体与气体有不同的速度，或者考虑外力效应等情形的结果。

对流体—质子交互模型，在第五章研究了泡沫机制最优收敛率的问题。那么对流体—质子交互模型的流动机制解的最优收敛率又是怎样的呢?

Ma'lek 和 Rajagopal 在热力学框架下构造了可压以及不可压混合流体模型①。

但是对方程数学理论的研究结果却很少。从第六章可以看出，在研究不可压混合流模型适定性的时候对模型做了简化处理，即考虑每个流体的密度都是常数的情形。而实际情况流体密度是时间和空间的函数。

针对不可压情形，方程有以下形式:

---

① MA'LEK J, RAJAGOPAL K R. A thermodynamic framework for a mixture of two liquids[J]. Nonlinear analysis-real world applications, 2008(9): 1649-1660.

$$
\begin{cases}
\dfrac{\partial\rho^{(i)}}{\partial t} + \operatorname{div}(\rho^{(i)}u^{(i)}) = 0, \\
\rho^{(i)}\dfrac{d^{(i)}u^{(i)}}{dt} = \operatorname{div}(\mathrm{T}^{(i)})^{T} + \rho^{(i)}\mathrm{b}_e + \mathrm{m}^{(i)}, \\
\operatorname{div}u = 0
\end{cases}
\tag{1}
$$

混合流体速度 u 表示为

$$
u = \frac{1}{\rho}[\rho^{(1)}u^{(1)} + \rho^{(2)}u^{(2)}]。
$$

其中, $T^{(i)}$ 和 $m^{(i)}$ 的表达式为

$$
T^{(1)} = (-pI + 2\mu(\rho)D)\frac{\rho^{(1)}}{\rho},
$$

$$
T^{(1)} = (-pI + 2\mu(\rho)D)\frac{\rho^{(2)}}{\rho},
$$

$$
m^{(i)} = (-pI + 2\mu(\rho)D)\frac{\rho^{(1)}\nabla\rho^{(2)} - \rho^{(2)}\nabla\rho^{(1)}}{\rho} + a(\rho)(u^{(2)} - u^{(1)})。
$$

在上述模型中,混合流体是不可压的,即 u 的散度场为零, 且具体到第 i 个流体时并不是不可压的,即 $\operatorname{div}u^{(i)}$ 并不一定是零。这就给处理方程非齐次项的时候增加了困难和挑战。

即使两种流体相等时(流体密度不为常数),在估计速度的梯度项时非齐次项依然会带来很大的困难。这时候能够考虑小初值的情况,这时整体光滑解是否存在?

当密度相等但不是常数时,即 $\rho^{(1)} = \rho^{(2)} = \rho$。

$$
\begin{cases}
\rho_t + \operatorname{div}(\rho u^{(1)}) = 0, \\
\rho_t + \operatorname{div}(\rho u^{(2)}) = 0, \\
\rho u_t^{(1)} + \rho u^{(1)}\cdot\nabla u^{(1)} + \nabla P - \dfrac{1}{4}\mu(\Delta u^{(1)} + \Delta u^{(2)}) = a(u^{(2)} - u^{(1)}), \\
\rho u_t^{(2)} + \rho u^{(2)}\cdot\nabla u^{(1)} + \nabla P - \dfrac{1}{4}\mu(\Delta u^{(1)} + \Delta u^{(2)}) = a(u^{(1)} - u^{(2)}), \\
\operatorname{div}(u^{(1)} + u^{(2)}) = 0。
\end{cases}
\tag{2}
$$

令 $\tilde{u}=u^{(1)}+u^{(2)}$,$\bar{u}=u^{(1)}-u^{(2)}$, 上述方程可以简化为

$$\begin{cases}\rho_t+\dfrac{1}{2}\operatorname{div}(\rho\tilde{u})=0,\\ \operatorname{div}(\rho\bar{u})=0,\\ \rho\tilde{u}_t+\dfrac{1}{2}\rho\tilde{u}\cdot\nabla\tilde{u}+\dfrac{1}{2}\rho\bar{u}\cdot\nabla\bar{u}+\nabla P-\dfrac{1}{2}\mu\Delta\tilde{u}=0,\\ \rho\bar{u}_t+\dfrac{1}{2}\rho\tilde{u}\cdot\nabla\bar{u}+\dfrac{1}{2}\rho\bar{u}\cdot\nabla\tilde{u}+\nabla P+2a\bar{u}=0,\\ \operatorname{div}\tilde{u}=0。\end{cases}\tag{3}$$

首先不难得出基本能量估计。回忆在第六章的证明中,为了得到速度梯度的 $L_t^\infty L_x^2$ 估计而对方程作用旋度算子。但是当密度不是常数时,这种方法就不再适用了。考虑到第四个方程中没有 $\bar{u}$ 的二阶导数项,因此速度梯度的估计是一个困难,这时考虑构造逼近系统,对任意大于零的常数 ε, 构造方程

$$\begin{cases}\rho_t+\dfrac{1}{2}\operatorname{div}(\rho\tilde{u})=0,\\ \operatorname{div}(\rho\bar{u})=0,\\ \rho\tilde{u}_t+\dfrac{1}{2}\rho\tilde{u}\cdot\nabla\tilde{u}+\dfrac{1}{2}\rho\bar{u}\cdot\nabla\bar{u}+\nabla P-\dfrac{1}{2}\mu\Delta\tilde{u}=0,\\ \rho\bar{u}_t+\dfrac{1}{2}\rho\tilde{u}\cdot\nabla\bar{u}+\dfrac{1}{2}\rho\bar{u}\cdot\nabla\tilde{u}+\nabla P+\varepsilon\Delta\bar{u}+2a\bar{u}=0,\\ \operatorname{div}\tilde{u}=0。\end{cases}\tag{4}$$

研究逼近系统解是否存在? 能否进一步得到方程 (3) 解的适定性?

最后 Ma'lek 和 Rajagopal 也给出了不可压混合流体模型,那么方程的解是否存在唯一?